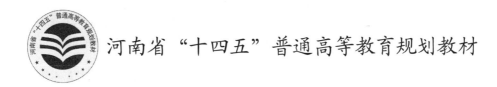

河南省"十四五"普通高等教育规划教材

智慧畜牧业技术

主　编　连卫民　张志明　王　辉

副主编　逯　晖　张一帆　陈炎龙

中国水利水电出版社
www.waterpub.com.cn
·北京·

内 容 提 要

本书由长期从事一线教学且有着丰富企业实践经验的教师编写，围绕物联网、大数据、云计算、人工智能等新一代信息技术深度融合畜牧生产，创新行业生产和管理方式，助力行业实现生产效率提高、企业成本下降、食品安全溯源能力提升、市场竞争力增强的目标，完成传统畜牧业到智慧畜牧业的转型升级。

本书共有 9 章，包括智慧畜牧业概述、农业物联网、3S 技术、网络技术、数据库技术、管理信息系统、人工智能与专家系统、畜产品电子商务、畜产品信息溯源，涵盖了生产数据采集、存储、传输、分析、应用和设备自动化控制，以及畜产品线上销售和产品信息溯源等内容。

本书既可以作为农林类高校动物科学、智慧牧业科学与工程、食品质量与安全等专业本科生教材，也可作为畜牧生产从业人员和智慧畜牧爱好者的参考资料。

图书在版编目（CIP）数据

智慧畜牧业技术 / 连卫民，张志明，王辉主编. --
北京：中国水利水电出版社，2022.2（2025.1 重印）
河南省"十四五"普通高等教育规划教材
ISBN 978-7-5226-0334-6

Ⅰ．①智… Ⅱ．①连… ②张… ③王… Ⅲ．①畜牧业
－智能技术－高等学校－教材 Ⅳ．①S8-39

中国版本图书馆CIP数据核字(2021)第262405号

策划编辑：石永峰　　责任编辑：鞠向超　　加工编辑：刘　瑜　　封面设计：李　佳

书　　名	河南省"十四五"普通高等教育规划教材 **智慧畜牧业技术** ZHIHUI XUMUYE JISHU
作　　者	主　编　连卫民　张志明　王　辉 副主编　逯　晖　张一帆　陈炎龙
出版发行	中国水利水电出版社 （北京市海淀区玉渊潭南路 1 号 D 座　100038） 网址：www.waterpub.com.cn E-mail：mchannel@263.net（答疑） 　　　　sales@mwr.gov.cn 电话：（010）68545888（营销中心）、82562819（组稿）
经　　售	北京科水图书销售有限公司 电话：（010）68545874、63202643 全国各地新华书店和相关出版物销售网点
排　　版	北京万水电子信息有限公司
印　　刷	三河市鑫金马印装有限公司
规　　格	184mm×260mm　16 开本　11.5 印张　265 千字
版　　次	2022 年 2 月第 1 版　2025 年 1 月第 2 次印刷
定　　价	48.00 元

前　言

随着"互联网+"行动计划的不断深入，以物联网、大数据、云计算、人工智能等为代表的新一代信息技术，深度融合传统畜牧生产，推动了畜牧行业的生产方式变革。以数字化为基础的智慧畜牧生产模式应运而生，相对于传统畜牧业而言，智慧畜牧业生产更加智慧、服务更加精准、管理更加人性。"安吉共识""北大仓行动"和"北京指南"先后奏响了新农科建设的"三部曲"，新农科人才培养进入了崭新的历史阶段。

"安吉共识"从宏观层面提出了要面向新农业、新乡村、新农民、新生态发展的理念，"北大仓行动"从中观层面推出了深化高等农林教育改革的"八大行动"，"北京指南"从微观层面实施新农科研究与改革实践的"百校千项"。新农科建设归根结底是进行复合应用型专业人才培养，人才培养的关键在于专业核心课程，而课程教材建设是基本保障。

随着畜牧生产规模化、自动化和智能化程度的不断提高，智慧畜牧业是行业发展的必经之路。目前，关于智慧畜牧业的高等教育教材十分匮乏，现代农业类的教材对智慧畜牧业只是浅尝辄止。本书积极响应国家"互联网+"畜牧业和新农科建设号召，将先进的信息技术深度融合到传统畜牧生产，依托农林类高校相关专业优势，打造具有学科交叉性、技术前沿性和引领示范性的新形态教材，助力现代化智慧畜牧生产和复合应用型人才的培养。

教材内容涵盖了草地资源监测、畜舍环境自动调节、现代畜牧生产、屠宰与分割信息化管理、物流运输监控、畜产品线上销售和食品安全追溯等畜牧生产的全过程，结合智慧畜牧生产的信息技术深度融合应用，主动求变、大胆创新，既开阔了学生的专业视野，又激发了学生知农、爱农的意识和建设新农村的热情，有助于复合应用型人才的培养。教材编写突出强调学科交叉性和技术前沿性，彰显学科专业优势，内容全部以畜牧生产实际为纲，通过文字、图片、视频等立体化表现形式，以技术探索兴趣驱动学生知识、能力和素质全面提升。

教材结合现代畜牧业生产中的数据自动化采集、数据网络传输、数据存储、数据分析和信息化管理，以及在大数据、云计算和人工智能等技术支持下实现的智慧化决策，内容包括智慧畜牧业概述、农业物联网、3S 技术、网络技术、数据库技术、管理信息系统、人工智能与专家系统、畜产品电子商务、畜产品信息溯源。

第 1 章　智慧畜牧业概述。在简要介绍"互联网+"行动计划的基础上，详细讲解了智慧畜牧业由来及其核心技术应用，并围绕畜牧业发展动态剖析行业当下存在的问题，展望未来智慧畜牧业发展趋势。

第 2 章　农业物联网。首先介绍了农业物联网概念、框架和关键技术等相关知识，然后详细讲述了无线传感器、标签编码和 RFID 技术等信息采集和获取技术，并借助畜舍环境智能化调控应用、牧场智能环境监测、宠物犬只识别管理等案例，对应介绍了物联网框架设计和部署、无线传感网络构建和应用，以及 RFID 在现实生活中的应用。

第 3 章　3S 技术。首先介绍了 3S 技术的概念、组成，然后分析了 3S 技术的工作原理，详细讲述了 3S 技术在智慧畜牧业中的应用，从 RS 获取多源信息，由 GPS 定位和导航，利用 GIS 进行数据综合处理分析，提供动态的畜牧业信息和丰富的图文图表，最终提出决策实施方案。

第 4 章　网络技术。主要介绍了互联网技术、无线传感器网络、移动通信网络、ZigBee 无线网络等网络技术相关知识，并通过智慧畜牧生产中数据传输解决方案，讲述了网络技术在畜牧业生产中的具体应用。

第 5 章　数据库技术。首先介绍了数据库技术的相关概念，随后介绍了数据模型，并详细介绍了关系数据库，接着以羊群营养配方管理系统为例，结合关系数据库的应用介绍了数据库设计步骤，以及各阶段需要完成的基本任务，最后对畜牧业大数据的应用情况进行概括介绍。

第 6 章　管理信息系统。首先介绍了管理信息系统的特点、分类和组成结构，随后结合某企业羊群动态营养平衡系统的开发，重点介绍了管理信息系统的建设内容，包括管理信息系统的开发方法和系统规划、系统分析、系统设计、系统实施与维护等各个阶段的具体工作任务。

第 7 章　人工智能与专家系统。首先介绍了人工智能的基本概念，以及人工智能与大数据、机器学习与深度学习、语音识别与合成系统，然后结合人工智能在畜牧生产中的应用，详细介绍了农业机器人和专家系统等相关内容。

第 8 章　畜产品电子商务。在介绍电子商务基本知识的基础上，分析了畜产品电子商务的需求，并详细讲解了畜产品电子商务网站建设、维护和推广等内容。

第 9 章　畜产品信息溯源。在简要介绍信息溯源的基础上，深入分析畜产品信息溯源涉及到的关键技术，并以猪肉信息溯源为案例，详细讲述了生猪饲养、屠宰分割、冷链运输和商超销售的全程信息溯源。

本书采用纸质教材出版，每章内容都配套有课后练习、PPT 课件、微课视频等多类型、立体化的教学资源，供读者参考。

本书由连卫民、张志明、王辉任主编，逯晖、张一帆、陈炎龙任副主编。连卫民、张志明负责统筹全书的逻辑框架，并对全书进行统稿和修订。张志明、王辉、陈炎龙、逯晖、张一帆负责教材全部章节的内容撰写、文字校正、参考文献整理和教材配套资源建设工作。

本书的出版得到了河南省"十四五"普通高等教育规划教材立项建设资助，在此表示衷心的感谢。同时，感谢河南牧业经济学院教务处、信息工程学院、能源与智能工程学院、动物科技学院、动物医药学院、食品与生物工程学院等部门对教材编写工作的大力支持。

虽然编者在编写过程中倾注了大量心血，但由于智慧畜牧业是一个日新月异、不断发展的新兴领域，许多理论与应用尚在探索和研究中，书中难免存在疏漏和不足，如有不当之处，恳请各位专家和读者批评指正。

编　者
2021 年 11 月

目　　录

前言

第1章　智慧畜牧业概述 ·················· 1

1.1 "互联网+"行动计划 ·············· 1

1.1.1 "互联网+"概述 ·············· 1

1.1.2 "互联网+"与农业 ·············· 2

1.1.3 "互联网+"与畜牧业 ·············· 4

1.2 智慧畜牧业介绍 ·············· 5

1.2.1 智慧畜牧业的由来 ·············· 6

1.2.2 核心技术应用 ·············· 7

1.3 智慧畜牧业的发展与展望 ·············· 8

1.3.1 畜牧业的发展动态 ·············· 8

1.3.2 当前存在的问题 ·············· 9

1.3.3 智慧畜牧业展望 ·············· 10

课后练习 ·············· 11

第2章　农业物联网 ·················· 13

2.1 农业物联网概述 ·············· 13

2.1.1 农业物联网的基本概念 ·············· 13

2.1.2 农业物联网框架 ·············· 14

2.1.3 农业物联网的关键技术 ·············· 15

2.1.4 畜舍环境智能化调控 ·············· 17

2.2 无线传感器技术 ·············· 18

2.2.1 无线传感器概述 ·············· 19

2.2.2 常见无线传感器介绍 ·············· 19

2.2.3 牧场智能环境监测系统 ·············· 21

2.3 标签编码 ·············· 22

2.3.1 条形码 ·············· 22

2.3.2 二维码 ·············· 24

2.3.3 RFID 标签 ·············· 25

2.3.4 畜产品标签编码应用 ·············· 25

2.4 射频识别技术 ·············· 27

2.4.1 RFID 概述 ·············· 27

2.4.2 RFID 构成 ·············· 28

2.4.3 RFID 工作原理 ·············· 29

2.4.4 宠物犬只识别管理 ·············· 29

课后练习 ·············· 31

第3章　3S 技术 ·················· 33

3.1 3S 技术与畜牧业生产 ·············· 33

3.2 地理信息系统 ·············· 35

3.2.1 GIS 概述 ·············· 35

3.2.2 GIS 的组成 ·············· 36

3.2.3 草地资源监测系统 ·············· 38

3.3 全球定位系统 ·············· 40

3.3.1 GPS 概述 ·············· 40

3.3.2 GPS 的组成 ·············· 41

3.3.3 北斗卫星导航系统 ·············· 42

3.3.4 畜产品冷链物流监控系统 ·············· 46

3.4 遥感技术 ·············· 47

3.4.1 RS 概述 ·············· 47

3.4.2 遥感技术系统 ·············· 48

3.4.3 草原鼠虫害监测预警系统 ·············· 50

课后练习 ·············· 51

第4章　网络技术 ·················· 53

4.1 互联网技术 ·············· 53

4.1.1 互联网概述 ·············· 53

4.1.2 网络传输介质 ·············· 55

4.1.3 网络体系结构 ·············· 57

4.1.4 IP 地址与域名 ·············· 58

4.1.5 局域网组建 ·············· 60

4.2 无线传感器网络 ·············· 61

4.2.1 WSN 概述 ·············· 61

4.2.2 WSN 拓扑控制与覆盖技术 ·············· 62

4.2.3 WSN 通信与组网技术 ·············· 63

4.2.4 WSN 关键技术 ·············· 65

4.3 移动通信网络 ·············· 65

4.4 ZigBee 无线网络 ·············· 67

4.5 智慧畜牧生产数据传输 ·············· 67

课后练习 ·············· 69

第5章　数据库技术 ·················· 70

5.1 数据库技术的基本概念 ·············· 70

5.2 数据模型及分类 ···················· 71
  5.2.1 概念数据模型 ·············· 72
  5.2.2 逻辑数据模型 ·············· 73
5.3 关系数据库 ························ 75
  5.3.1 关系数据结构 ·············· 75
  5.3.2 关系完整性约束 ············ 76
  5.3.3 关系代数 ·················· 77
5.4 数据库设计 ························ 81
  5.4.1 需求分析 ·················· 81
  5.4.2 概念结构设计 ·············· 82
  5.4.3 逻辑结构设计 ·············· 84
  5.4.4 物理结构设计 ·············· 86
  5.4.5 数据库的实施 ·············· 90
  5.4.6 数据库的运行与维护 ········ 90
5.5 畜牧业大数据的应用 ·············· 91
  5.5.1 畜牧业信息化中的大数据 ···· 91
  5.5.2 畜牧业大数据技术的应用 ···· 92
课后练习 ····························· 93

第6章 管理信息系统 ················ 95
6.1 管理信息系统概述 ················ 95
  6.1.1 管理信息系统的特点 ········ 95
  6.1.2 管理信息系统的分类 ········ 96
  6.1.3 管理信息系统的结构 ········ 97
6.2 管理信息系统的建设 ············· 100
  6.2.1 系统开发方法 ············· 101
  6.2.2 系统规划 ················· 103
  6.2.3 系统分析 ················· 107
  6.2.4 系统设计 ················· 117
  6.2.5 系统实施与运行管理 ······· 122
课后练习 ···························· 126

第7章 人工智能与专家系统 ········· 128
7.1 人工智能 ······················· 128
  7.1.1 AI 基本概念 ·············· 128
  7.1.2 AI 与大数据 ·············· 133
  7.1.3 机器学习与深度学习 ······· 135
  7.1.4 语音识别与合成系统 ······· 137
7.2 农业机器人 ····················· 137
  7.2.1 农业机器人概述 ··········· 138
  7.2.2 农业机器人的结构 ········· 138

  7.2.3 农业机器人系统设计 ········ 139
  7.2.4 现代化奶牛养殖设备应用 ···· 141
7.3 专家系统 ························ 142
  7.3.1 专家系统概述 ·············· 142
  7.3.2 专家系统的基本结构 ········ 143
  7.3.3 畜牧业专家系统应用 ········ 143
课后练习 ····························· 144

第8章 畜产品电子商务 ·············· 146
8.1 电子商务 ························ 146
  8.1.1 电子商务概述 ·············· 146
  8.1.2 电子商务构成要素 ·········· 147
  8.1.3 电子商务分类 ·············· 148
8.2 畜产品电子商务 ················· 149
  8.2.1 畜产品电子商务概述 ········ 149
  8.2.2 畜产品物流运输 ············ 151
8.3 畜牧企业网站建设 ··············· 152
  8.3.1 网站建设概述 ·············· 152
  8.3.2 网站建设流程 ·············· 154
  8.3.3 网站维护与推广 ············ 155
课后练习 ····························· 156

第9章 畜产品信息溯源 ·············· 158
9.1 信息溯源概述 ··················· 158
  9.1.1 信息溯源定义 ·············· 158
  9.1.2 信息溯源模型 ·············· 159
  9.1.3 信息溯源应用 ·············· 159
9.2 信息溯源的关键技术 ············· 161
  9.2.1 RFID 技术 ················ 161
  9.2.2 传感器 ···················· 162
  9.2.3 全球定位系统 ·············· 163
  9.2.4 视频采集 ·················· 164
  9.2.5 地理信息系统 ·············· 164
9.3 猪肉信息溯源案例 ··············· 165
  9.3.1 养殖场数据管理 ············ 166
  9.3.2 屠宰分割过程监控 ·········· 169
  9.3.3 运输过程监控 ·············· 171
  9.3.4 商超销售信息溯源 ·········· 172
课后练习 ····························· 173

参考文献 ····························· 175

第 1 章　智慧畜牧业概述

进入 21 世纪以来，以物联网、人工智能和 5G 网络等为代表的信息技术迎来了新发展。各行业纷纷触网，与信息技术深度融合、协同创新，实现了从万物互联到万物智能的快速发展。畜牧业是农业的一个重要分支，智能时代为其带来了前所未有的发展机遇，同时也带来了转型升级的严峻挑战。本章将首先介绍"互联网+"行动计划，然后介绍智慧畜牧业的由来及其核心技术应用，最后在介绍畜牧业发展动态的基础上，剖析当前存在的问题，展望未来智慧畜牧业的发展趋势。

学习目标

- 了解"互联网+"行动计划的意义。
- 理解"互联网+"畜牧业的含义与作用。
- 理解智慧畜牧业和数字畜牧业的区别。
- 了解智慧畜牧业核心技术应用。
- 了解智慧畜牧业未来发展趋势。

1.1　"互联网+"行动计划

2015 年 7 月，为了充分发挥互联网的优势，国务院印发了《关于积极推进"互联网+"行动的指导意见》，强调将互联网与传统产业深度融合，以产业升级提升经济生产力。"互联网+"行动的总体思路是顺应 "互联网+"发展趋势，充分发挥互联网的规模优势和应用优势，推动互联网由消费领域向生产领域深度拓展，加速提升产业发展水平，增强行业创新能力。坚持改革创新和市场需求导向，突出企业的主体作用，大力拓展互联网与经济社会各领域融合的广度和深度。

"互联网+"代表了一种新的社会形态，能够充分发挥互联网在社会资源配置中的优化和集成作用，将互联网的创新成果与社会各个领域深度融合，全面激发行业企业创新力和生产力，推动社会快速发展。

1.1.1　"互联网+"概述

通俗地说，"互联网+"就是"互联网+传统行业"，但又不能简单地理解成两者相加，而是利用信息通信技术和互联网平台，让互联网与传统行业深度融合，打造新发展生态。

（1）"互联网+"概念。"互联网+"具体可分为两个层次的内容来表述。一方面可以将"互联网+"中的文字"互联网"与符号"＋"分开理解，"＋"代表着添加与联合，表明了"互联网+"计划的应用范围是互联网与其他传统产业，它是针对不同产业发展的一项新计划，应用手段则是互联网与传统产业深入融合的方式。另一方面"互联网+"作为一个整体概念，其深层意义是传统产业通过互联网化完成产业升级，在传统产业中运用互联网的开放、平等和互动等网络特性，通过互联网和信息技术改造传统产业的产业结构、生产方式等内容，增强经济发展动力，进而促进国民经济健康发展。

国内"互联网+"理念最早是 2012 年 11 月于扬在易观第五届移动互联网博览会提出的，2015 年 3 月，李克强总理在政府工作报告中首次提出制定"互联网+"行动计划，推动移动互联网、云计算、大数据、物联网等与现代制造业结合，促进电子商务、工业互联网和互联网金融健康发展，引导互联网企业拓展国际市场。至此，"互联网+"行动计划上升为国家战略。

（2）"互联网+"特征。"互联网+"作为当下各行业的研究热点，主要有跨界融合、创新驱动、重塑结构、开放生态以及连接一切五大特征。

1）跨界融合。将先进的信息技术融入到传统企业生产中，可以有效提高生产效率，降低数据错误概率，提升企业决策水平，为企业带来实实在在的效益。

2）创新驱动。我国过去粗放式资源驱动型增长已难以为继，必须转变到创新驱动发展的正确道路上来。用互联网思维创新生产、转型升级，可以更好地发挥创新优势。

3）重塑结构。信息革命的全球化和互联网打破了原有的社会结构、经济结构、地缘结构和文化结构，带来更多的转型机会。

4）开放生态。生态是"互联网+"非常重要的特征，而生态的本身就是开放的。推进"互联网+"的一个重要方向就是把孤岛式创新连接起来，让研发由人性决定的市场驱动，让创新并努力的人有机会实现价值。

5）连接一切。"互联网+"实现了网络与各行业的连接，它就像是一张大网，连接企业、市场和人才，实现了世界万物之间的互联。

（3）"互联网+"应用。目前，不论是传统行业的转型升级，还是新兴行业的全民创业，"互联网+"都是一个热门概念。它代表着信息技术与行业的融合和创新，如互联网金融、共享出行，以及信息技术与传统农业、工业和教育等融合创新，为企业发展输入新的活力。

1.1.2　"互联网+"与农业

在当今信息时代，传统的粗放式农业生产不再适应时代需要。将信息技术运用到农业生产，使用传感器自动采集土壤、肥力、气候等数据，再利用信息管理系统进行科学统计分析，依此提供种植、施肥优化解决方案，可大大提升农业生产效率。同时，借助于自动化装置完成自动灌溉、施肥和喷洒农药等工作，让农作物始终处于最优的生长环境，进而提高农作物的产量和品质。掌握信息技术的新型农民，不仅可以利用互联网获取技术支持，还可以掌握农产品最新价格走势，提前进行生产决策。与此同时，农产品电子商务利用互联网交易平台减少了中间买卖环节，增加了农民收益。

"互联网+"农业是产业模式、生产方式与经营手段的创新，通过便利化、实时化、物联化和智能化等手段，对农业的生产、经营、管理和服务等产业链深度改造，为农业现代化发展提供了新动力。以"互联网+"农业为驱动，有助于发展智慧农业、精细农业、高效农业和绿色农业，提高农产品产量和质量，降低农产品生产成本，增加市场竞争力，实现由传统农业向现代农业的转型。

（1）"互联网+"农业促进智慧农业发展。"互联网+"可以促进智慧农业发展，实现对农业生产过程的精准智能管理，有效提高劳动生产率和资源利用率，促进农业可持续发展，保障国家粮食安全。重点突破传感器、北斗卫星、精准作业、智能机器人、全自动智能化工厂等前沿技术在农业生产中的应用。建立农业物联网智慧系统，在大田种植、设施园艺等领域广泛应用，开展面向农作物主产区粮食作物长势监测、遥感测产与估产、重大灾害监测预警等农业生产智能决策支持服务。

（2）"互联网+"农业助力农业生态发展。集中打造基于"互联网+"的农业产业链，积极推动农产品生产、流通、加工、储运、销售和服务等环节的网络化，构建农业综合信息服务平台，加强监管农业生产中的农药、化肥等使用，助力休闲农业和生态农业的快速发展，提升农业的生态价值、休闲价值和文化价值。

（3）"互联网+"农业助力农村"双创"行动。"互联网+"加速农业科技成果转化，激发农村经济活力，推动"大众创业、万众创新"蓬勃发展。积极落实科技特派员和农技推广员农村科技创业行动，创新信息化条件下的农村科技创业环境。加快推动国家农业科技服务云平台建设，构建基于"互联网+"的农业科技成果转化通道，提高农业科技成果转化率。搭建农村科技创业综合信息服务平台，引导科技人才、科技成果、科技资源和科技知识等现代科技要素向农村流动。同时，借助于网络平台共享农业数据资源，推动农业科技创新资源共建共享。

（4）"互联网+"农业助力农产品销售。"互联网+"农业破解了"小农户与大市场"对接难题，提高了农产品流通效率，实现了农产品增值和农民增收。构建基于信息技术的农产品冷链物流、信息流、资金流和农产品电子商务的网络化运营体系，推动农产品网上期货交易、农产品电子交易、粮食网上交易等，加快推进美丽乡村、"一村一品"项目建设。

（5）"互联网+"农业助力新型职业农民培育。"互联网+"培养造就有文化、懂技术、会经营的新型职业农民，为加快现代农业建设提供人才支撑。加强新型职业农民培训体系建设，构建基于"互联网+"的新型职业农民培训虚拟网络教学环境，大力培养生产经营型、职业技能型和社会服务型的新型职业农民；积极推动智慧农民云平台建设，研发基于智能终端的在线课堂、互动课堂和认证考试培训教育平台，实现新型职业农民培养的网络化、移动化和智能化。

（6）"互联网+"农业助力农产品质量安全保障。"互联网+"农业有助于提高农产品质量安全网络化监管程度，提高农产品质量安全水平，切实保障食品安全和消费安全。推进农产品质量安全管控全程信息化，提高农产品监管水平。构建基于"互联网+"的产品认证、产地准出等信息化管理平台，推动农业生产标准化建设。积极推动农产品风险评估预警，加强农产品质量安全应急处理能力建设。

1.1.3　"互联网+"与畜牧业

广义农业包含种植业、林业、畜牧业、渔业、副业五种产业形式。畜牧业作为广义农业的一个分支，是利用畜禽等已经被人类驯化的动物，或者鹿、貂、鹌鹑等野生动物的生理机能，通过人工饲养、繁殖，使其将牧草和饲料等植物能转变为动物能，以取得肉、蛋、奶等畜产品的产业形式。畜产品的产量及其增长速度是对畜牧业发展状况和结构调整的最直接反应。自改革开放以来，中国畜牧业总产值一直处于增长态势。经过多年的发展，畜牧业已从家庭副业逐步成长为农业农村经济支柱产业。

畜牧业是农业的重要组成部分。随着我国经济持续稳定增长，居民收入水平显著提升，消费能力不断增强，对畜产品的需求急速增长，推动了我国畜牧业总产值持续上升，现阶段已经形成较为完善的产业链和较为充足的供应能力，成为与种植业并列的农业两大支柱产业之一。

相对于其他农业形式来说，畜牧业既有规模化养殖场，也有家庭零散养殖。在过去很长一段时间里，畜牧养殖都是农民快速提升收入的捷径。然而，最近几年畜牧业面临着一系列的问题。首先，随着畜牧业养殖规模的不断扩大，对草原过度放牧使用导致草原沙化、荒漠化和盐碱化。其次，由于国家标准、行业规范越来越细致，家庭养殖面临着异于往常的新挑战。再次，动物传染病和疫情等突发事件，给传统畜牧业带来了巨大冲击，进一步加速了传统畜牧业的转型。最后，信息技术已经渗透到畜牧生产的各个角落，加速畜牧生产的自动化、规模化、智能化进程已势在必行。

"互联网+"畜牧业就是把互联网的先进技术（如物联网、大数据、云计算、信息通信、区块链、人工智能等）运用到畜牧生产，改善畜牧生产中的动物饲养、屠宰、加工、存储、运输、销售和质量安全监控等全产业链的各个环节，提高畜牧生产和养殖效率、产品质量、管理效能，并增强国际市场竞争力。

2009 年，网易公司开启了互联网养猪新潮流，采用无线射频识别技术（RFID）为生猪佩戴 RFID 耳标、给猪舍部署传感器和摄像头，借助信息管理系统实时监测猪只的身体状况、进食量等信息，全天候监控猪只的位置、行为状态等。同时，引进国际先进的动物福利养殖方式，为猪群提供安全、舒适的生活环境，进而提高猪只的免疫力，减少生病概率，提升猪肉品质。2018 年，阿里巴巴集团旗下的阿里云与四川特驱集团、德康集团合作，对由阿里云研发的新一代人工智能系统 ET 大脑进行针对性训练和研发，结合人工智能、云计算、视频技术和语音技术，为每头猪建立生活档案，收集猪只体重、进食、运动强度等数据，进而分析其行为特征、进食习惯和料肉比等，实现养猪过程从人为管理到系统智能化控制的重大转变，如图 1-1 所示。同年，京东集团研发出了"猪脸识别"技术，它利用巡检机器人上的摄像头扫描猪只面部，获取猪只编号、品种、健康情况、进食量等信息，进而实现智能化养猪，如图 1-2 所示。

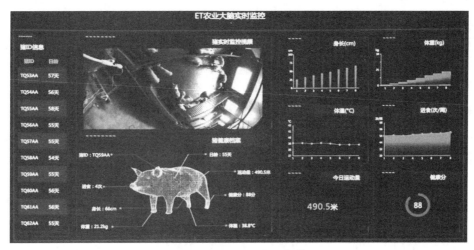

图 1-1　阿里 ET 农业大脑

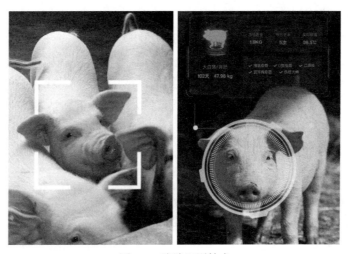

物联网
改善动物福利

图 1-2　猪脸识别技术

　　"互联网+"畜牧业具有广阔的发展空间。目前传统畜牧生产还很落后,与智慧畜牧业还存在较大差距,未来发展机会很多。引入先进的信息技术,能够给传统畜牧生产注入新活力,提升生产效率、降低成本,提升市场竞争力。同时"互联网+"畜牧业能够有效改善生产环境,让职工告别以往的"脏乱差"车间,激发工作热情。"互联网+"畜牧业将彻底颠覆传统畜牧生产,实现设备智能化、生产自动化、管理信息化、销售国际化、决策科学化以及产品的全程可溯源。

1.2　智慧畜牧业介绍

　　智慧畜牧业区别于其他畜牧业的核心在于"智慧",它利用物联网、大数据、云计算、自动化、人工智能等信息技术实现畜牧养殖智慧化、信息服务智慧化、行业监管智慧化、信息溯源智慧化和企业管理决策智慧化。

1.2.1 智慧畜牧业的由来

进入 21 世纪以来，以计算机、自动化和通信网络技术等为代表的信息化技术与畜牧生产有机结合，逐步实现了畜牧生产、管理、经营、流通和服务等各领域的数字化，通过数字化设计、可视化表达、智能化控制和系统化管理，达到了合理利用资源、降低生产成本以及改善生态环境的目的。数字畜牧业的关键是生产过程和管理过程相关要素的数字化，即将相关信息用计算机能够识别的数字来表示，进而通过信息管理系统实施管理。

近年来，随着物联网技术、大数据、云计算、区块链、人工智能和移动互联网等技术的快速发展，越来越多的新技术融入了畜牧生产。这些新技术为传统畜牧业注入了新的发展活力，使得现代畜牧业具备了智能感知、智能分析、智能预警、智能决策能力，进而实现了数字畜牧业到智慧畜牧业的巨大飞跃。

智慧畜牧业得益于畜牧生产的数字化，其核心是利用物联网、大数据、云计算、通信网络、自动化控制等技术，创新融入到当前的畜牧生产中，最大限度地利用有限资源，降低生产成本和能耗，减少对生态环境的污染和破坏，实现最优化生产。

要实现畜牧生产智慧化，必须具备以下条件。第一，要具备数据采集的自动化装置，即联网数据自动采集设备，如 RFID、传感器等。第二，要有合理的数据传输通道，如车间 Wi-Fi 通信网络、移动网络等。第三，信息管理系统要具备大数据分析和学习能力，能够通过数据分析形成科学决策。最后，终端设备必须具有远程控制接口，能由信息管理系统远程控制。以生猪养殖为例，智慧猪舍布局如图 1-3 所示。

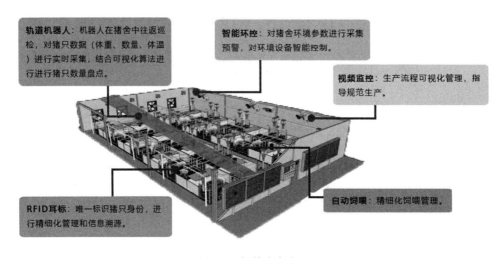

图 1-3　智慧猪舍布局

以智慧猪舍温度控制为例，要在猪舍里布设温度传感器、温度调节装置（如水帘、空调等）、Wi-Fi 网络，使得各设备都可以通过 Wi-Fi 网络与信息管理系统连接。首先，信息管理系统根据猪只生长数据，分析出各阶段猪只生长的最佳温度，并设定温度阈值。其次，由部署在猪舍不同位置的温度传感器节点实时监测温度，当温度超出阈值范围时，启动预警机制通知信息管理系统。最后，由信息管理系统判断温度异常位置，精确启动该位置上的温度调节设备，直至温度达标，再远程关闭或调节设备。同时，为了保护传输过程中的数据安全性和完整性，信息管理系统要采取必要的安全措施加以防范，如区块链技术。

　　智慧畜牧综合运用了物联网、大数据、网络通信等信息技术，实现了生产数据自动化采集、环境实时监控、数据深度分析、疾病远程诊断、管理科学决策、产品全程溯源，并拓展了企业网络销售渠道，改善了畜禽福利待遇，是未来畜牧业发展的趋势。同时，智慧畜牧有效改善了畜牧生产环境，减少了对环境的污染，对控制疫病传播也有着重要意义，符合国家新农村建设要求，具有广阔的发展前景。

1.2.2　核心技术应用

　　智慧畜牧业是以生产数据为基础、智能决策为依据、自动化控制为执行的现代化产业形式，主要涉及物联网、嵌入式、大数据、云计算、3S 技术、人工智能以及区块链等核心技术应用。

　　（1）物联网技术应用。物联网技术在智慧畜牧业中的运用广泛，它借助于网络通信连接分布在不同位置的多种感知终端设备，并进行信息交换和通信，从而实现智能化识别、定位、跟踪、监视等功能。如 RFID 自动识别动物个体，各种传感器感知周围环境信息（常见的传感器有温度传感器、湿度传感器、各种气体浓度传感器等）。

　　（2）嵌入式技术应用。嵌入式技术是智慧畜牧业设备自动化控制的关键，是将部分专用功能集成到特定设备固件、拓展设备功能的一种常见手段。嵌入式系统一般由嵌入式微处理器、外围硬件设备、嵌入式操作系统、用户程序四个部分构成，用于实现对生产设备的控制和管理。如在称重设备上嵌入 RFID 阅读器和标签打印功能，称重设备能够读取 RFID 标签数据并随即调用打印功能，完成商品标签打印任务。

　　（3）大数据技术应用。大数据技术在智慧畜牧生产中的应用是以生产数据海量采集、存储为基础的，它通过对海量数据进行分析，科学预测未来发展趋势。大数据技术取代了传统随机抽样分析的有限采样分析方式，大幅度提升了分析预测的精确度。如通过对动物采食量和体重增长的关系分析，推断出动物不同生长阶段的采食量和饲料转化率，从而控制自动投料装置，实现精准饲养。

　　（4）云计算应用。云计算是利用分布在不同位置的可用服务器，通过网络构建起能够解决复杂问题、具有超算能力的云端服务，进而达到节约运算资源的目的。云计算在智慧畜牧业中的应用给畜牧企业（尤其是中小型畜牧企业）带来了福音，他们不需要花费巨额资金购买服务器和雇佣专业维护人员，仅需"因需服务"支付低廉费用，就能获得以往要花费高昂费用才能使用的专业级服务，如远程使用专家诊断系统诊断疾病等。

　　（5）3S 技术应用。3S 技术是遥感技术（RS）、地理信息系统（GIS）和全球定位系统（GPS）的统称，是空间技术、传感器技术、卫星定位与导航技术和计算机技术、通信技术的结合，实现了对空间信息的采集、处理、管理、分析、表达、传播和应用。3S 技术在智慧畜牧业中的应用较为普遍，如利用 GPS 技术实现运输车辆定位和路线规划，利用 GIS 技术优化养殖场的选址，利用高光谱遥感技术监测牧草病虫害等。

（6）人工智能应用。人工智能是研究、开发用于模拟、延伸和扩展人的智能的理论、方法、技术和应用系统的一门技术科学，是新一轮畜牧产业变革的核心驱动力。人工智能包括机器视觉、语音识别、虚拟现实和可穿戴设备等多项核心技术，可以多方位融入未来畜牧生产和管理过程，进而改造传统饲养管理方式，提高生产管理效率，降低人力成本。利用人工智能对采集数据进行深度分析，实现畜禽疾病自动诊断、开处方和治疗，对动物疾病防控和食品安全有着重要意义。

（7）区块链技术应用。区块链技术主要用于解决交易信任和数据安全等方面的问题，具有去中心化、独立性、安全性等特征。目前，区块链技术已从单一的数字货币应用延伸到了经济社会的其他领域。区块链技术能够有效解决智慧畜牧业供应链管理、贸易管理和交易支付等关键问题，具有举足轻重的地位和重要作用。

1.3　智慧畜牧业的发展与展望

智慧畜牧业的发展是一个循序渐进、不断优化提升的过程。从最初自给自足的个体散养，到无序发展的小规模养殖，到信息管理系统的推广应用，再到目前智慧畜牧业的初级阶段，这个过程呈现出螺旋式上升和发展趋势。

1.3.1　畜牧业的发展动态

我国畜牧业发展和改革开放紧密相连，1979 年深圳第一家饲料厂的建立正式拉开了畜牧业蓬勃发展的大幕。在随后的 30 年里，畜牧业先后经历了个体散养和小规模养殖，到后来的农业信息化的实施。在此期间，虽然有部分规模养殖企业尝试了规模化、标准化养殖，但总体来说仍是以个体养殖为主体。由于受个体养殖户知识有限、技术陈旧，以及行业行政管理不够完善且国外畜牧业巨头大规模入侵等多种因素影响，整个畜牧产业处于无序发展的状态。饲料产能过剩造成企业间恶性竞争，导致大批饲料厂破产倒闭；养殖户管理知识匮乏，经济效益低下，市场竞争力不足；疫病防治过度依赖兽药导致药检超标，被限制出口；市场利润分配不均，经销商赚取大量利润，养殖户和厂家的利益得不到保障。部分企业为了生存无所不用其极，导致食品安全事件频发，再加上禽流感等疫病影响，整个畜牧业前景迷茫。

随着计算机技术的快速发展，数据库技术和信息管理系统开始被大型畜牧企业使用。1981年，首个计算机农业应用研究机构中国农业科学院计算中心成立。1987 年，农业部设立了信息中心，旨在推动信息技术在农业生产管理中的应用，随后，各类专用程序软件被大量开发，并开始在农业领域应用。20 世纪 90 年代，国家在科技攻关和"863 计划"等项目中设置了农业信息技术专题，畜牧业信息化进入快速发展阶段。当时的广大养殖户切身感受到了信息化带来的巨大变化。

21 世纪是互联网时代，是我国高科技发展的时代，也是信息技术深度融合畜牧生产的时代。国家先后出台了《农业科技发展规划（2006－2020 年）》《全国农垦农产品质量追溯体系建设发展规划（2011—2015）》和《国家信息化发展战略纲要》等一系列政策文件，明确提出要把信息化作为农业现代化的制高点，推动信息技术和智能装备在农业生产经营中的应用，培育互联网农业，建立健全智能化、网络化农业生产经营体系，加快农业产业化进程。加强耕地、水、草原等重要资源和主要农业投入品联网监测，健全农业信息监测预警和服务体系，提高农业生产全过程信息管理和服务能力，确保国家粮食安全和农产品质量安全。

2019 年 5 月，中共中央办公厅、国务院办公厅印发了《数字乡村发展战略纲要》（以下简称《纲要》）。《纲要》要求把数字乡村建设作为数字中国建设的重要部分，积极推进农业数字化转型。加快推广云计算、大数据、物联网、人工智能在农业生产经营管理中的运用，促进新一代信息技术与种植业、种业、畜牧业、渔业、农产品加工业全面深度融合应用，打造科技农业、智慧农业、品牌农业，建设智慧农（牧）场，推广精准化农（牧）业作业。推动农业装备智能化，促进新一代信息技术与农业装备制造业结合，研制推广农业智能装备。鼓励农机装备行业发展工业互联网，提升农业装备智能化水平，推动信息化与农业装备、农机作业服务和农机管理融合应用。

目前，我国的畜牧业已进入了新的发展阶段，正在由传统畜牧业向智慧畜牧业转型。国家已明确指出要按照科学发展观的要求，建设资源节约、环境友好、可持续发展的现代畜牧业。在这个背景下，畜牧企业的经营与管理方式正发生着革命性的变化，畜产品与设备也正随之升级换代。这既是当下畜牧业面临的挑战，同时也是智慧畜牧业前所未有的发展机遇。

目前，国内对智慧畜牧业的研究如火如荼，并取得了一定的技术积累和实践成果。与其他发达国家相比，虽然目前还存在一定差距，但我国具有明显的制度和管理优势，更容易实现行业数据共享、统筹管理、联防联控。相信在不久的将来，我们就能够引领世界智慧畜牧业发展潮流。

1.3.2　当前存在的问题

我国的畜牧业发展到今天，取得了一系列的喜人成绩，和发达国家之间的差距也日趋减小。我们在自豪于过去取得成绩的同时，还必须清醒地意识到目前存在的问题，如畜牧生产标准化和规模化不够、市场竞争力不强、质量安全监管体系不完善、企业管理观念落后等。

（1）畜牧生产标准化和规模化不够。目前，国内畜牧生产企业规模参差不齐，还存在着一定数量的养殖散户。这些企业各自都是一个独立的自由王国，大家各自为政，缺乏合作和资源共享的意识与行动。企业缺乏统一的生产标准，大家对市场的认知不一，生产盲目跟风，企业生存风险系数大。部分小企业或散户甚至只顾眼前利益，不顾长远发展，见利忘义，酿成影响恶劣的重大食品安全事故。现代畜牧业需要生产标准化和规模化，中小企业和散户的现代化改造和企业转型任务还很艰巨。

（2）畜产品缺乏市场竞争力。与其他发达国家相比，我国畜牧业无论是畜禽生产率、资源转化率，还是劳动生产率都还存在相当大的差距。整体上来看，畜禽生产能力远低于其他发达国家，这就意味着要饲养更多的畜禽，才能够达到同样的产出。同样，饲料转化率问题也是如此，这不仅仅是畜禽品种或饲料的问题，还是管理、技术、疫病防控等一系列问题综合造成的结果。生产效率低导致生产成本高，产出的商品就缺乏市场竞争力。

（3）质量安全保障体系建设不完善。畜牧生产涉及养殖、屠宰、分割、销售等多个环节，各环节的监管部门不同，生产过程全程监管难度较大。目前，国内畜牧企业规模大小不一，还存在着较多数量的小企业或养殖散户，对大企业的监管尚有难度，对中小企业和散户实施起来就更加力不从心了。随着信息技术融入畜牧生产的进程加快，靠传统监管方式的管理已经很难适应新的形势，而新的保障体系目前还不健全。

（4）畜牧企业管理观念落后。相对于其他行业，畜牧业对外界的先进知识、技术接受相对较慢。近年来，物联网、大数据、云计算等信息技术助力企业发展的案例屡见不鲜，传统畜牧企业也加入了此次变革。畜牧业必须紧跟时代步伐与时俱进，牢固树立食品安全涉及国家安全的大局意识、环境保护的可持续发展意识、数据公开接受监管的自觉意识，积极推动企业转型升级。

1.3.3 智慧畜牧业展望

以物联网、大数据、人工智能等为代表的新一代信息技术与畜牧业深度融合、协同创新，像猪脸识别、家禽声纹识别、畜禽巡检机器人、视觉测量评价技术等智能采集技术都被应用到畜牧生产，彻底改变畜牧生产脏乱差的落后局面，翻开智慧畜牧业发展的新篇章。

（1）畜牧产业结构进一步优化。未来小规模畜牧企业和散户进一步减少，它们和集约化养殖场、专业化合作社结合更加紧密，将形成"公司+农户"的利益结盟。未来现代化畜牧企业将逐渐崛起，在市场中占据主导地位。在国家政策调控和扶持下，越来越多的集科研、饲料加工、畜禽生产与养殖、屠宰加工、销售于一体的现代化企业逐渐发展壮大，实现生产规模化、自动化和标准化，产业链条日趋完善，市场占有份额显著增加。同时，这些企业将成为新技术、新品种研发和推广的主力军，是畜产品质量安全溯源体系的自觉践行者。

（2）智慧畜牧业发展更加完善。目前，畜牧行业职能管理部门、大型养殖场都在不同程度应用智慧畜牧业。职能管理部门为了便于监督管理，建立了动物防疫监管平台、兽药管理监管平台、动物卫生监督和无害化处理监管平台等诸多专用平台，这些平台目前大多是独立运行系统，资源共享程度较低。未来的智慧畜牧业将在政府资金支持和政策引导下，由实力强的网络运营商介入开发并建设智慧平台，实现功能更加完备、技术更加成熟、操作更加便捷、使用成本更加低廉、用户群体更加广泛的目标，打通畜牧生产企业与主管部门、省与省、省与国之间的数据共享通道，生产企业只需通过自主申报生产指标数据，县级主管部门初步汇总再逐级上报，国家把数据汇总、分析，定期发布指导信息，真正实现全国畜牧业统筹管理和联防联控。

（3）未来畜产品更加物美价廉。随着物联网、大数据、人工智能等技术的深入应用，将加速推进畜牧业转型升级。借助 RFID 技术识别动物个体，利用传感器和自动投料设备记录其采食数据，通过大数据分析优化饲养方案，实现智能化精准养殖，提高饲料转化率。未来畜牧业生产实现规模化、自动化、智能化，势必降低生产成本。同时，借助于各种传感器和智能设备改善畜禽生活环境，提高动物福利水平，再加上"饲料无抗""养殖无抗"制度的实施，畜产品的品质会明显提升。未来消费者所享用到的畜产品，将会真正做到物美价廉。

（4）畜产品质量安全更有保障。畜牧生产过程的规模化、标准化、智能化实施以及物联网技术、大数据、3S 技术等信息技术支撑，能够有效保障畜产品质量安全，实现生产、养殖、屠宰、分割、运输和销售的全程信息溯源。由于数据存储和云计算技术的有力支持，使得畜牧生产溯源信息不再局限于传统的文本和图像，完全可以支持音频、视频等多媒体形式。同时，随着移动网络的提速增效和资费下降，消费者可以通过手机扫码查看产品溯源信息。最终实现由产品包装上的二维码，关联到屠宰分割的动物胴体，再进一步关联到养殖环节的动物个体，最终追溯到种猪生产过程，实现全过程信息溯源。与此同时，再加以区块链技术保障数据完整性，使得产品溯源信息更加真实可靠，有效保障畜产品质量安全。

智慧畜牧业为我们带来的好处还远远不止这些，它还能协助实现优化育种、精准饲养、科学规划选址、疫病防控等诸多工作，助力我国新农村建设和环境保护。

课后练习

一、选择题

1.（　　）利用互联网交易平台减少了中间买卖环节，增加了农民收益。
　　A．物联网　　　　　　　　　　B．电子商务
　　C．云计算　　　　　　　　　　D．区块链

2.为了保护传输过程中的数据安全性和完整性，可以采用（　　）加以实现。
　　A．物联网技术　　　　　　　　B．大数据技术
　　C．区块链技术　　　　　　　　D．5G 技术

3.（　　）是利用分布在不同位置的闲置服务器，通过网络构建起能够解决复杂问题，具有超算能力的云端服务。
　　A．物联网　　　　　　　　　　B．农产品电子商务
　　C．云计算　　　　　　　　　　D．区块链

4.3S 技术中的（　　），可以在畜牧生产中用来监测牧草病虫害情况。
　　A．遥感技术（RS）　　　　　　B．地理信息系统（GIS）
　　C．全球定位系统（GPS）　　　 D．专家系统

5.3S 技术中的（　　），能够实现了运输车辆定位和路线规划。
　　A．遥感技术（RS）　　　　　　B．地理信息系统（GIS）
　　C．全球定位系统（GPS）　　　 D．专家系统

6.3S 技术中的（　　），能够优化了养殖场的选址。
　　A．遥感技术（RS）　　　　　　B．地理信息系统（GIS）
　　C．全球定位系统（GPS）　　　 D．专家系统

7.（　　）是智慧畜牧业的核心技术之一，它取代了传统随机抽样分析的有限采样分析方式，大幅度提升了分析预测的精确度。

    A．物联网技术   B．大数据技术

    C．区块链技术   D．5G 技术

8. 以下传感器类型中，可以用于育种舍氨气超标报警的是（　　）。

    A．气体浓度传感器   B．温度传感器

    C．湿度传感器   D．重力传感器

二、填空题

1. 数字畜牧业的关键是生产过程和管理过程相关要素的_____，进而通过信息管理系统实施管理。

2. _____是生产数据为基础，智能决策为依据，自动化控制为执行的现代化产业形式。

3. _____主要用于解决交易信任和数据安全等方面，具有去中心化、独立性、安全性等特征。

4. _____是部分专用功能集成到特定设备固件，进一步拓展设备原有功能的一种手段。

三、简答题

1.“互联网+”作为当下各行业的研究热点，主要有哪些明显的特征？

2. 智慧畜牧业涉及的主要核心技术应用有哪些？

3. 目前国内畜牧生产还存在哪些问题有待进一步改善？

四、思考题

1.“互联网+”行动计划为各行各业带来了新的发展机遇，请结合你所学的专业情况，思考“互联网+”与其行业如何开展融合创新，助力行业发展。

2. 结合一种你熟悉的动物（如宠物狗），思考它所涉及的动物福利有哪些？利用本章内容的知识和技术，思考应该采取什么措施进一步提升其福利水平？

第2章 农业物联网

物联网（Internet of Things，IoT）以感知为前提实现人与人、人与物、物与物的全面互联，随着各国政府对物联网行业的政策倾斜，科研单位和企业积极参与并不断加大投入，物联网产业得到了快速发展。物联网与农业的结合从根本上改变了传统农业的生产模式，积极推进了农业现代化进程。本章在介绍农业物联网概念、框架和关键技术等相关知识的基础上，重点介绍了无线传感器、标签编码和 RFID 技术等信息采集和获取技术，通过畜舍环境智能化调控应用、牧场智能环境监测、宠物犬只识别管理等案例，对应介绍了物联网的框架设计和部署、无线传感网络构建和应用，以及 RFID 的实际应用。

学习目标

- 了解农业物联网的相关概念和框架。
- 理解农业物联网的关键技术。
- 了解无线传感器的相关概念。
- 理解条形码和二维码的工作原理，掌握其相关应用。
- 理解 RFID 的基本原理，掌握其相关应用。

2.1 农业物联网概述

当前，物联网已成为各国构建经济社会发展新模式和国家长期竞争力的重要领域。发达国家通过国家战略指引、政府研发投入、企业全球推进、应用试点建设、政策法律保障等措施加快物联网发展，抢占战略主动权和发展先机。在我国，物联网已被纳入战略性新兴产业规划重点项目，《国家"十二五"规划纲要》指出，要推动物联网关键技术研发和在重点领域的应用示范。

农业是物联网技术的重点应用领域之一，也是物联网技术应用需求迫切、难度大、集成性特征明显的领域。当前，我国农业正处在从传统农业向现代农业转型的关键期，现代农业的发展迫切需要信息技术的支撑。物联网的来临为现代农业发展带来了前所未有的机遇，将物联网技术应用到农业行业领域可实现对各种农业要素的"全面感知、可靠传输和智能处理"，有效加快农业现代化进程。

2.1.1 农业物联网的基本概念

物联网最早是由麻省理工学院 Ashton 教授在 1999 年研究 RFID 时提出的。2003 年，SUN 公司发表文章介绍了物联网的基本工作流程，并提出解决方案。2008 年 11 月，IBM 提出"智慧地球"的发展战略，受到美国政府的高度重视，奥巴马对"智慧地球"的构想做出了积极回应。2009 年 8 月，时任国务院总理温家宝视察无锡时提出"感知中国"的理念，引起强烈反响，物联网成为继计算机、互联网移动通信之后新一轮信息产业浪潮的核心领域。

物联网是通过传感器、无线射频识别（RFID）、激光扫描仪、全球定位系统（GPS）、遥感等信息传感设备及系统和其他基于物－物通信模式的短距无线自组织网络，能够按照约定的协议，把任何物品与互联网连接，进行信息交换和通信，以实现智能化识别、定位、跟踪、监控和管理的一种网络。

经过十几年的发展，物联网技术与农业领域应用逐渐紧密结合，形成了农业物联网的具体应用。农业物联网是物联网技术在农业生产、经营、管理和服务中的具体应用，其通过各类传感器、RFID、视觉采集终端等感知设备，自动采集大田种植、设施园艺、畜禽养殖、水产养殖、农产品物流等领域的数据信息，通过建立数据传输和交换的相关协议，充分利用无线传感器网络、通信网络、互联网和移动互联网等多种现代信息传输通道，实现农业信息的可靠传输，对获取的海量农业信息进行融合、处理，并通过移动操作终端实现农业生产的自动化、管理和控制的智能化、物流的系统化、交易的电子化，进而实现农业生产的集约、优质、高效、生态和安全的目标。

2.1.2 农业物联网框架

农业物联网需要解决农业要素信息的采集、传输、处理和应用等问题，根据其要解决的应用可以将其划分为感知层、传输层、处理层和应用层，其框架如图 2-1 所示。

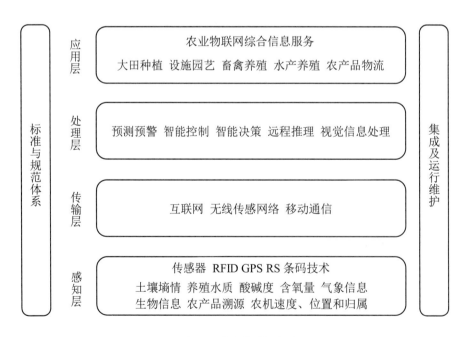

图 2-1 农业物联网框架

感知层主要实现系统内物的感知，即以传感器、RFID、GPS、RS、条码等技术采集现实世界各种物理数据，包括各类物理量、身份标识情境信息、音频、视频等，实现"物"的识别。

传输层主要实现大范围的信息传输与广泛的互联，借助现有广域网技术（如 Internet、移动通信网络等）与感知层相融合，把感知到的农业生产信息无障碍、快速、安全、可靠地传送到所需的各个地方，使物联网能够实现远距离、大范围的通信。

处理层通过云计算、数据挖掘、机器学习、模式识别、预测预警、决策等智能信息处理平台，实现信息技术与农业的深度融合，完成数据信息的汇总、协同、共享、互通、分析、预测、决策等。

应用层是农业物联网体系结构的最高层，面向终端用户，可以根据用户需求搭建不同的应用平台。

农业物联网的应用主要实现大田种植、设施园艺、畜禽养殖、水产养殖以及农产品流通过程等环节信息的实时获取和数据共享，从而保证产前正确规划提高资源利用效率，产中精细管理提高生产效率，产后高效流通实现安全溯源等多个方面，促进农业的高产、优质、高效、生态、安全。

2.1.3　农业物联网的关键技术

农业物联网关键技术包括农业信息感知技术、农业信息传输技术、农业信息处理技术三个方面。

（1）农业信息感知技术。农业信息感知技术是指利用农业传感器技术、RFID 技术、条码技术、GPS 技术、RS 技术等在任何时间、任何地点，对农业领域物体进行信息采集和获取。

1）农业传感器技术。农业传感器技术是农业物联网的核心，农业传感器主要用于采集各个农业要素信息，包括种植业中的光照、温度、水分、肥料、气体等参数；畜禽养殖业中的二氧化碳、氨气、二氧化硫等有害气体含量，空气中尘埃、飞沫及气溶胶浓度，温度、湿度环境指标等参数；水产养殖业中的溶解氧、酸碱度、氨氮、电导率、浊度等参数。

2）RFID 技术。无线射频识别技术（Radio Frequency Identification，RFID）也被称为电子标签，指利用射频信号通过空间耦合（交变磁场或电磁场）实现无接触信息传递，并通过对所传递信息的处理达到目标自动识别的技术。

3）条码技术。条码技术是集条码理论、光电技术、计算机技术、通信技术、条码印制技术于一体的一种自动识别技术。条码技术在农产品质量追溯中有着广泛应用。

4）GPS 技术。全球定位系统（Global Positioning System，GPS）是指利用卫星在全球范围内进行实时定位导航的技术。利用 GPS 技术用户可以在全球范围内实现全天候、连续、实时的三维导航定位和测速。另外，利用该系统，用户还能够进行高精度的时间传递。全球定位系统技术在农产品物流运输时，能够为运输车辆提供导航和追踪定位作用。

5）RS 技术。遥感技术（Remote Sensing，RS）是指从高空或外层空间接收来自地球表层各类地理信息的电磁波通过扫描、摄影、传输和处理这些信息，实现对地表各类地物和现象进行远距离控测和识别的现代综合技术。RS 技术在农业上主要用于对作物长势和水分、养分、产量的监测。

　　（2）农业信息传输技术。农业信息传输技术是指将涉农设备通过感知装置接入传输网络，借助有线或无线通信网络，随时随地进行高可靠性的信息交互和共享技术。农业信息传输技术可分为无线传感网络技术和移动通信技术。

　　1）无线传感网络技术。无线传感网络（Wireless Sensor Network，WSN）是以无线通信方式形成的一个多跳自组织网络系统，由部署在监测区域内的大量传感器节点组成，负责感知、采集和处理网络覆盖区域内被感知对象的数据，并发送给使用者。无线传感网络广泛应用在大田灌溉、农业资源监测、畜禽养殖、农产品质量追溯等方面。

　　2）移动通信技术。随着农业信息化水平的不断提高，移动通信技术逐渐成为农业信息远距离传输的关键技术。农业移动通信先后经历了5代发展，目前技术已经相当成熟。由于我国幅员辽阔，农业和畜牧业大都在农村或偏远地区，网络基础设施相对落后，普及计算机和有线网络存在较大困难，相对而言，利用手机、无线终端等移动终端设备通过移动网络进行信息化建设是较好的选择。因此农业移动通信技术的开发和使用，在实现我国农业信息化战略目标中具有重要作用。

　　（3）农业信息处理技术。农业信息处理技术是以农业信息知识为基础，采用各种智能计算方法和手段使系统具备一定的智能功能的技术。农业信息处理技术是物联网的关键技术之一，包括农业预测预警技术、农业优化控制技术、农业智能决策技术、农业诊断推理技术和农业视觉信息处理技术等。

　　1）农业预测预警技术。农业预测是以土壤、环境、气象资料、作物或动物生长、生产条件、化肥农药、饲料、航拍或卫星影像等实际农业资料为依据，以经济理论为基础，以数学模型为手段，对研究对象的未来发展可能性进行推测和估计。农业预警是指对农业的未来状态进行测度，预报异常状态的时空范围和危害程度，提出相应的防范措施。

　　2）农业智能控制技术。农业智能控制是在农业领域给定约束的条件下，将人工智能、控制论、系统论、运筹学和信息论等多种学科综合与集成，使给定的被控系统自动实施智能化控制。

　　3）农业智能决策技术。农业智能决策是智能决策支持系统在农业领域的具体应用，它综合人工智能、商务智能、决策支持系统、农业知识管理系统、农业专家系统，以及农业管理信息系统中的知识、数据、业务流程等给用户提供智能决策服务，实现具有分析能力的人工智能应用。

　　4）农业诊断推理技术。农业诊断推理技术是指运用数字化表示和函数化描述的知识表示方法，构建基于"症状—疾病—病因"的因果网络诊断推理模型，利用该模型自动对诊断对象所表现出的特征信息判定其健康状态，并提出改进或预防办法的技术。

　　5）农业视觉信息处理技术。农业视觉处理技术是指利用图像处理等技术对采集的农业场景图像进行处理，从而实现对目标识别和理解的技术。农业视觉处理技术采集的基本视觉信息包括亮度、形状、颜色、纹理等。

2.1.4　畜舍环境智能化调控

畜禽类的生长繁殖、健康状况以及其饲料利用效率和产品品质等均受养殖环境的制约。例如，在冬季，畜禽舍既要保温又要保障通风换气，防范二氧化碳、氨气、硫化氢等有害气体超标；在动物繁殖期，分娩舍和保育舍的环境有更为严格和具体的要求。利用智能环境调节设备改善生产环境，能够有效保障动物生活条件，提高养殖效益。

我国畜禽养殖业近年来发展迅速，但养殖环节普遍存在环境调控装备智能化程度低、调控效果差等问题，难以适应规模化养殖的新要求。在此背景下，东北农业大学研发了畜禽舍养殖环境智能调控系统。该畜禽舍养殖环境智能调控系统可以通过各种传感器获取养殖环境的温度、湿度、光照度、有害气体（二氧化碳、氨气、硫化氢等）浓度等数据，通过无线传感网络将监测数据传给主控节点，主控节点能够实现一定范围内的舍间通信，并且定时将监测数据发送至远程服务器。服务器通过智能算法对监测数据进行综合分析，通过相应的控制算法自动向控制终端发送控制指令，终端根据接收的指令控制风机、湿帘、电灯等环境调控设备的开闭实现养殖环境的调节。该系统可以根据需要灵活组合，满足不同规模养殖企业需求。畜禽舍养殖环境智能调控系统主要包括感知层、传输层和应用层，其具体架构如图 2-2 所示。

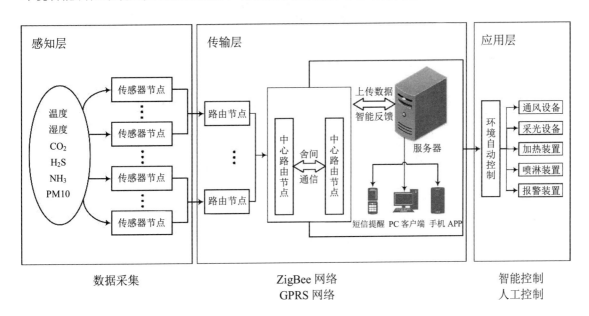

图 2-2　畜禽舍养殖环境智能调控系统具体架构

（1）感知层。感知层主要负责对畜禽养殖环境的各类目标数据进行感知和监测。感知层由多种传感器组成，这些传感器能够将被监测环境的物理参数转化为可供采集的数字信号，以满足后续的数据传输、处理、存储、显示、记录和控制等需求。

系统选用红外二氧化碳传感器对空气中存在的 CO_2 进行探测，该传感器利用非色散红外原理，具有选择性好、寿命长和无氧气依赖性等优点，传感器内置温度补偿，同时具有数字输出和模拟电压输出功能。系统选用的氨气传感器和硫化氢传感器是电化学式传感器，两种气体在传感器内会发生氧化还原反应，并释放电荷形成电流，电流的大小与目标气体的浓度成正比关系，通过测量电流值可判定目标气体的浓度。系统可以根据具体需求和应用场合，选装温湿度传感器、光照度传感器、PM10 传感器等。

（2）传输层。由于畜禽舍在建设初期一般没有考虑网络布线问题，且养殖环境较为复杂，因此通常使用无线传感器网络作为数据传输方案。在无线传感器网络中，各传感器节点配备 ZigBee 模块，可以完成舍内和一定范围内舍间的数据通信交互，无线网络的中心节点配备 GPRS 模块，可以将数据通过移动通信网络发送到后台服务器。图 2-3 是具备 ZigBee 组网功能的感知设备节点。

图 2-3   畜禽舍养殖环境智能调控系统感知设备节点

（3）应用层。畜禽舍养殖环境智能调控系统的应用层包括调控管理平台和环境自动控制系统两部分。

调控管理平台有手机端 APP 程序和计算机端应用系统两种。调控管理平台可以以图、表等多种方式显示畜禽舍内部各种传感器节点的实时数据，同时将相应数据存储在数据库中并提供查询和分析功能。平台以养殖行业具体国家标准为依据设置阈值，当某项环境参数超标时，具备自动报警功能。报警的形式除了声音、光电等外，还能够以手机短消息的形式发送给管理人员，以确保在第一时间能够对环境参数异常进行处理。调控管理平台还可以设定智能自动调控模式，系统根据收到的环境数据进行智能算法分析，对温湿度变化进行非线性算法处理，并将处理调控指令传送到畜禽舍控制终端。

环境自动控制系统接收到环境调控指令后，对养殖舍内的设备进行调节，如开启排风装置通风、增加天花板开合度调节光照、增加温度调节设备的供热功率，以及开启湿帘、淋水喷头等。

2.2   无线传感器技术

畜牧业生产常常选址在偏僻的野外，采用有线传输数据成本较高，施工难度大，因此使用无线传感器技术构建无线传感器网络成为畜牧业信息系统数据传输的一种重要方式和解决方案。无线传感器网络一般由大量的无线传感器节点构成，使用这些无线传感器进行数据采集可以及时、有效地发现养殖中的异常情况并精准定位问题发生的位置，对采集到的数据进行处理，能够实现养殖生产过程的远程控制。

2.2.1　无线传感器概述

无线传感器网络（Wireless Sensor Network，WSN）是由部署在监测区域内的大量微型传感器节点组成，通过无线通信方式形成的一个多跳的自组织网络系统，其作用是协同感知、采集和处理网络覆盖区域中的感知对象信息，并发送给观察者。WSN 是一种无中心节点的分布式系统，众多无线传感器节点被规划部署于监控区域，每个传感器节点都集成有传感器、数据处理模块、通信模块和电源模块，它们通过无线信道相连，自组织地构成网络系统。WSN 集传感器技术、微机电系统技术、无线通信技术、嵌入式计算技术和分布式信息处理技术于一体，具有广阔的应用前景，已成为当今世界上备受关注的多学科高度交叉的热点研究领域。

传感器是构成 WSN 的重要组成部分。这里说的传感器，并不是传统意义上的单纯对物理信号进行感知并转化为数字信号的传感器，而是将传感器模块、数据处理模块、电源模块和无线通信模块集成于一体的物理单元，即传感器节点。传统的传感器能够借助传感元件感知所在环境的热量、红外、声呐、雷达和地震波等信号，探测包括温度、湿度、噪声、光强度、压力、土壤成分、物体位移、速度和方向等关键数据，而传感器节点比传统的传感器具有更强大的能力，它不仅能够对环境信息进行感知，而且具有数据处理和无线通信的能力。

随着传感器成本的降低和无线传感器网络系统方案的不断优化（如传感器数据融合算法、节点定位算法和能耗管理等），无线传感器网络在农业领域的应用越来越广泛。

2.2.2　常见无线传感器介绍

无线传感器网络中的传感器节点一般由无线传感器构成，具有端节点和路由的功能，能够实现数据的采集和处理以及数据的融合和路由。无线传感器作为一种微型化的嵌入式系统，构成了无线传感器网络的基础层支撑平台。

无线传感器一般由传感器模块、处理器单元、无线传输模块和电源模块四部分组成，如图 2-4 所示。

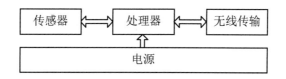

图 2-4　无线传感器组成

处理器模块是无线传感器的核心，主要完成数据的采集、处理和收发。从处理器角度来看，无线传感器基本分为两类：一类是采用以 ARM 处理器为代表的高端处理器，该类传感器的能耗比微控制器大很多，支持动态电压调节或动态频率调节等节能策略，处理能力强，适合图像等高质量业务应用；另一类是采用低端微控制器为代表的无线传感器，该类传感器的处理能力较弱，但功耗小，在线时间长。

无线传感器可利用的传输媒介有空气、红外线、激光、超声波等，常用的无线通信技术有 Wi-Fi、ZigBee、Bluetooth、RFID 等。其中，ZigBee 是一种近距离、低复杂度、低功耗、低数据速率、低成本的双向无线通信技术，可以嵌入各种设备中，在无线传感器网络中应用较多。

不同类型的传感器可以检测不同的监测数据，如温度、湿度、光照、噪声、振动、磁场、加速度等。下面介绍几种常见的无线传感器。

（1）无线温度传感器。无线温度传感器是集成传感、无线通信等技术的低功耗无线传感器。依据测温的原理，无线温度传感器主要可分为四类。第一类是利用热敏电阻的温度特性接触式测温的传感器；第二类是利用半导体材料（PN 结）的温度特性接触式测温的传感器；第三类是利用红外热辐射技术，传感器采用红外探头的非接触式测温；第四类是利用压电晶体，采用声表面波技术无源接触式测温的传感器。无线温度传感器如图 2-5 所示。

（2）无线加速度（振动）传感器。无线加速度传感器是一种将加速度转换为信号的传感器，可用来测量加速度。传感器受到振动后使得内部质量块加在压电晶体上的力发生变化，当被测振动频率远远低于加速度计的固有频率时，被测加速度的变化与力的变化成正比。因此可通过力的大小判断加速度的大小，如图 2-6 所示。

图 2-5　无线温度传感器

图 2-6　无线加速度传感器

（3）无线应变传感器。无线应变传感器是基于测量物体受力变形所产生应变的一种传感器，传感器利用电阻应变片将应变转换为电阻变化，当被测物理量作用在弹性元件上时，弹性元件的变形引起敏感元件的阻值变化，通过转换电路将其转变成电量输出，电量变化的大小反映了被测物理量的大小。无线应变传感器可以测量应变应力、弯矩、扭矩、加速度、位移等物理量，如图 2-7 所示。

（4）无线风向风速传感器。无线风向风速传感器是一种可以测量风速、风量、风向的传感器。传感器的探测区域处设有两对超声波探头（一般呈"十"字交叉排列），当空气流动通过传感器探头测量区域时，计算超声波在两点之间的传输的时间差就可以计算出风的速度、风向和风量，如图 2-8 所示。

图 2-7　无线应变传感器

图 2-8　无线风向风速传感器

2.2.3　牧场智能环境监测系统

牧场建设多选址在偏远地区，地形地貌复杂，相对于传统牧场的人工环境监测方法，采用无线传感网络集成开发的牧场智能环境监测系统避免了大规模布线以及人工误测、低效等弊端，能够有效提升工作效率与数据正确率。

牧场智能环境监测系统通过无线传感网络采集数据并提供给用户，用户能够通过系统客户端实时查看各项环境数据，并依据生产标准参数及时进行处理。系统总体框架如图 2-9 所示。

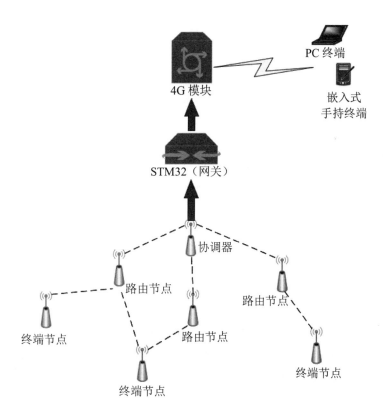

图 2-9　牧场智能环境监测系统总体框架

牧场智能环境监测系统主要由环境数据采集和智能监测两部分构成。

（1）环境数据采集。环境数据采集是利用各种无线传感器将环境中的温度、湿度、浓度、光照强度等物理量进行实时采集和处理，采集系统中，各类传感器、协调器和路由器节点等构成了系统的硬件平台。其中，传感器构成终端采集结点，协调器负责组网和传输数据，路由器节点负责数据传输。无线传感网络的各节点在拓扑结构上组成了星形网络。

（2）智能监测。系统采用 STM32 作为数据处理单元，通过传感器构建终端采集节点，实现对各类数据（如空气温湿度、气体浓度等）的实时采集；构建无线传感网络，实现对数据的传输以及在 PC 端或移动端的显示。同时，控制终端可对控制设备下达指令，进行实时精准的智能调控。牧场智能环境监测系统设备调控原理如图 2-10 所示。

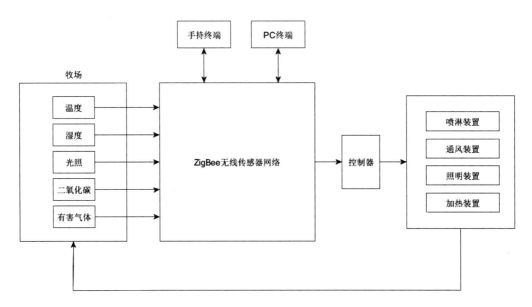

图 2-10　牧场智能环境监测系统设备调控原理

条码技术介绍

2.3　标签编码

标签编码能够实现个体标识，是实现物联网物物相连的关键技术。常见的标签编码技术有条形码、二维码、RFID 等。

2.3.1　条形码

条形码是一维条形码的简称，是由美国的 N.T.Woodland 在 1949 年首先提出的，现被广泛应用于商业领域。条形码是由反射率相差很大的黑条（简称条）和白条（简称空）排成的平行线图案。多个宽度不等的条和空按照一定的编码规则排列，可以表达相应的信息，如图 2-11 所示。

图 2-11　条形码

条形码技术是一种自动识别技术，该技术利用光电扫描设备识读条形码符号，以实现自动识别，并快速、准确地把数据录入计算机，利用计算机对数据进行处理，从而达到自动管理的目的。条形码自动识别系统由条形码标签、条形码生成设备、条形码识读器和计算机组成。

世界上常用的条形码码制有 EAN 条形码、UPC 条形码、交叉 25 条形码、库德巴条形码、Code 39 条形码和 Code 128 条形码等。

EAN 条形码是国际物品编码协会制定的一种商品用条码，主要应用于商品标识，有标准版（EAN-13）和缩短版（EAN-8）两种。EAN-13 条形码由左侧空白区、起始符、左侧数据符、中间分隔符、右侧数据符、校验符、终止符、右侧空白区及供识别字符组成。

UPC 条形码（统一产品代码）与 EAN 条形码类似，是最早大规模应用的条码，其特性是长度固定、有连续性，目前主要在美国和加拿大使用，由于其应用范围广泛，又被称万用条码。UPC 码仅可用来表示数字，其字码集为数字 0～9。UPC 码共有 A、B、C、D、E 五种版本。

Code 39 条形码和 Code 128 条形码为目前国内企业内部的自定义码制，可以根据需要确定条形码的长度和信息。它编码的信息可以是数字，也可以是字母，主要应用于工业生产线领域和图书管理，如表示产品序列号、图书、文档编号等。

交叉 25 条形码（也称穿插 25 码）只能表示数字 0～9，其长度可变。条形码呈连续性，所有条与空都表示代码，第一个数字由条开始，第二个数字由空组成，应用于商品批发、仓库、机场、生产（包装）识别等。该条形码的识读率高，在所有一维条形码中的密度是最高的。

库德巴条形码（Codabar）又称"血库用码"，可以用数字（0～9）、字母（A、B、C、D）以及符号（-、$、/、.、+）来表示字符。每个字符由 4 个条和 3 个空（共 7 个单元）表示，只能字母作为起始/终止符，条形码长度可变，没有校验位，主要应用于血站的献血员管理和血库管理，也可用于物料管理、图书馆、机场包裹发送等。

PDF417 二维条形码是一个多行连续可变长，能够包含大量数据的符号标识。每个条形码有 3～90 行，每一行有一个起始部分、数据部分、终止部分。它的字符集包括 128 个字符，最大数据含量是 1850 个字符，主要应用于医院、驾驶证、物料管理、货物运输等，如图 2-12 所示。

图 2-12　PDF417 条形码

2.3.2　二维码

20世纪70年代,在计算机自动识别领域出现了二维条形码技术,简称二维码。这是在传统条形码基础上发展起来的一种编码技术,它将条形码的信息空间从线性的一维扩展到平面的二维,具有信息容量大、成本低、准确性高、编码方式灵活、保密性强等诸多优点。自1990年起,二维条形码技术在世界上开始得到应用,经过多年的发展,现已被应用在国防、公共安全、交通运输、医疗保健、工业、商业、金融、海关以及政府管理等领域。

与一维条形码只能从一个方向读取数据不同,二维码可以从水平、垂直两个方向来获取信息。因此,二维码包含的信息量远远大于一维条形码,并且具备自动纠错功能。二维码的工作原理与一维条形码类似,在识别时,将二维条形码打印在纸带上,由阅读器把二维码的信息转换成计算机可识别的二进制编码。阅读器包含扫描装置和译码装置两部分。扫描装置又称光电读入器,它装有照亮被读条码的光源和光电检测器件,光电监测器件由若干光电池构成,并且能够接收条码的反射光。当扫描装置所发出的光照在纸带上时,每个光电池根据纸带上条码有无输出不同的图案,来自各个光电池的图案组合起来生成一个高密度信息图案,图案信息经放大、量化后送到译码装置进行处理。译码装置存储有需要译读条码编码方案的数据库和译码算法。在早期的识别设备中,扫描装置和译码装置是分开的,目前的设备大多已合为一体。图2-13为畜牧业物联网的英文"Animal husbandry Internet of things"的二维码图案。

图2-13　二维码

与条形码相比,二维码具有以下几个特点。

(1)存储量大。二维码可以存储1100个字,尺寸大小可以自由选择。

(2)抗损性强。二维码采用故障纠正技术,遭受污染以及破损后也能复原。即使条码受损程度高达50%,仍然能够解读出原数据,误读率仅为6100万分之一。

(3)安全性高。在二维码中采用了加密技术,所以其安全性大幅度提高。

(4)可传真和影印。二维码经传真和影印后仍然可以使用,而一维条形码在经过传真和影印后机器将无法识读。

(5)印刷多样性。对于二维码来讲,它不仅可以在白纸上印刷黑字,还可以进行彩色印刷,而且印刷机器和印刷对象都不受限制,印刷起来非常方便。

(6)抗干扰能力强。二维码由于其自身的特性,具有强抗磁力和抗静电能力。

与条形码相同,二维码也有许多不同的编码方法。根据这些编码原理的不同,可以将二维码分为以下三种类型。

（1）线性堆叠式二维码。它在一维条形码的基础上，降低条码行的高度，按需要将纵横比大的窄长条码行堆叠成二行或多行。前文提到的 PDF417 就属于这一种，此外典型的线性堆叠式二维码还有 Code16K、Code 49 等。

（2）矩阵式二维码。它采用统一的黑白方块组合，能够提供更高的信息密度，存储更多的信息，与此同时，矩阵式二维码比堆叠式具有更高的自动纠错能力，更适用于在条码容易受到损坏的场合。矩阵式符号没有标识起始和终止的模块，但它们有一些特殊的"定位符"，定位符中包含了符号的大小和方位等信息。矩阵式二维条码能够用先进的数学算法将数据从损坏的条码中恢复。典型的矩阵二维码有 Code One、MaxiCode、QR Code、Data Matrix、Han Xin Code、Grid Matrix 等。日常生活中常见的二维码一般为 QR 码。

（3）邮政码。它是通过不同长度的条进行编码的一种编码技术，主要用于邮件编码，如 Postnet、BPO4-State 等。图 2-14 是 Postnet 条码实例，码值为"123456789"。

图 2-14　邮政码

2.3.3　RFID 标签

射频识别技术（Radio Frequency Identification，RFID）是自动识别技术的一种，其通过无线射频方式进行非接触双向数据通信，利用射频信号通过空间耦合（交变磁场或电磁场）实现无接触信息传递，并通过对所传递信息的处理达到自动识别的目的。RFID 最早出现在 20 世纪 80 年代，相比其他标签技术，其最明显的优点是 RFID 标签和阅读器无须接触便可完成识别。RFID 的出现改变了条形码依靠"有形"的一维或二维几何图案来提供信息的方式，通过芯片来提供存储在其中的数量巨大的"无形"信息。RFID 最初在欧洲市场上得以使用，被应用在一些无法使用条码跟踪技术的特殊工业场合，如目标定位、身份确认和跟踪库存产品等，随后在世界范围内普及。RFID 技术的应用不仅仅是标签中存储信息容量的增加，对于计算机自动识别技术来讲也是一场彻底的革命。RFID 技术所具有的强大优势极大地提高了信息处理的效率和准确度。RFID 产业潜力无穷，应用范围遍及各行各业。下一节将详细探讨 RFID 技术。

2.3.4　畜产品标签编码应用

标签编码在畜产品生产、加工、销售过程中有着广泛应用。本节以猪肉安全追溯系统为例，介绍条形码、二维码、RFID 标签等编码技术的具体应用。

近年来，食品安全问题频频发生，日常饮食安全成为人们持续关注的热点。猪肉作为人们日常生活中的主要肉食，其质量安全问题越来越得到重视。基于 RFID 和条码技术的猪肉安全追溯管理系统实现了猪肉从养殖、进场、检疫、屠宰、加工、批发零售等过程的安全可追溯，提高了各个环节信息流转的透明度，为猪肉质量安全追溯提供了可靠支撑。

由于我国食品安全标准还不够完善，加上猪肉生产链条过长、生产环节复杂等原因，导致猪肉质量在养殖、屠宰、交易等环节都存在不同程度的安全隐患，甚至可能出现严重的食品安全事故。为实现猪肉质量安全全程可追溯，需要利用编码技术在养殖、屠宰、交易等环节对猪肉进行标识，记录生产、屠宰、销售过程中的数据信息，确保追溯数据安全可靠。猪肉质量安全追溯系统框架如图 2-15 所示。

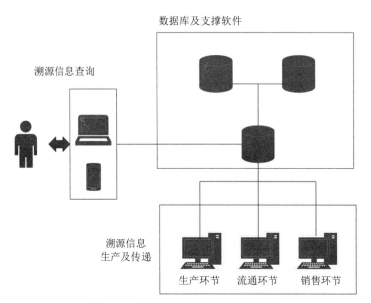

图 2-15　猪肉质量安全追溯系统框架

（1）养殖环节，猪只都佩戴有耳标以记录其唯一身份 ID 信息，并通过建立检疫、体重等相关信息形成档案。其中，检疫信息等都是由可靠的第三方监督机构或者政府部门出具的有法律效力的检疫合格证，如图 2-16 所示。

图 2-16　养殖环节耳标

（2）屠宰场屠宰环节，使用 RFID 标签标识生猪和猪胴体。系统将追溯码写入 RFID 标签，该标签与生猪一起进入流通环节。同时，追溯码信息通过无线或有线通信网络，传入到后台信息管理系统，如图 2-17 所示。

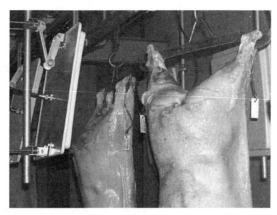

图 2-17　屠宰环节 RFID

（3）销售环节。在批发交易环节，系统读出生猪进场追溯码信息，加上猪肉进场的必要信息，生成新的追溯码，同时将追溯信息传递给后台信息管理系统；在零售交易环节，系统使用追溯秤，将猪肉进场的批次、重量、价格以及销售信息等追溯数据进行采集，并上传到信息管理系统，打印带有追溯条码的销售小票，从而实现猪肉的全程溯源，如图 2-18 所示。

图 2-18　销售环节追溯码

2.4　射频识别技术

射频识别（Radio Frequency Identification，RFID）技术是利用电磁耦合或感应耦合，通过各种调制和编码方案，与射频标签交互通信读取射频标签数据的技术。RFID 利用无线射频方式在阅读器和应答器（电子标签）之间进行的双向数据传输实现无接触识别。

2.4.1　RFID 概述

20 世纪中期，无线射频识别技术逐渐地发展起来，很多关于无线射频的理论都处于实验阶段。由实验阶段到产品应用阶段是 20 世纪 60－80 年代，无线射频理论逐渐趋于成熟，RFID 相关产品也逐渐出现。RFID 产品正式引入商业用途是在 20 世纪 80－90 年代，从 20 世纪末到 21 世纪初，由于射频产品越来越多，其频率的标准化也是迫在眉睫，各种标准化组织相继成立，具有代表性的有 RFID 标准化研究工作组 WG4 和非盈利性组织 Auto-ID Center，这些组织以及其制定的 RFID 标准，对于规范 RFID 技术起到了重要作用。

RFID 标签可以按照工作频率、能量供给方式来进行分类。

按照 RFID 系统工作频率对 RFID 进行分类，可分为低频、高频和超高频三大类。低频（Low frequency，LF）工作频率在 120～150kHz；高频（High frequency，HF）工作频率为 13.56MHz；超高频（Ultra High Frequency，UHF）以 433 MHz、800/900MHz、2.45GHz、5.8GHz 等。低频标签成本较低，高频标签的传输速率较高、传输距离较远，超高频标签的传输速率最高。

按照 RFID 系统工作所需能量的供给方式进行分类，可分为无源、有源和半有源。无源电子标签没有内置电池，通过接受阅读器发射的能量转换为电源来工作。有源电子标签内置有电池，主动发射信号，一般传输距离较远。半无源标签的内置电池仅供内部电路使用，不主动发射信号。

RFID 的应用非常广泛，银行卡、公交卡、门禁卡、饭卡等都属于 RFID 产品。

2.4.2　RFID 构成

RFID 系统由标签、阅读器和收发天线三部分组成，如图 2-19 所示。

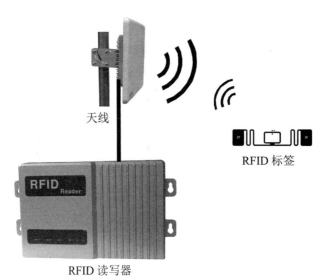

图 2-19　RFID 构成

RFID 标签又叫电子标签，是可存储识别信息和其他控制信息的器件。当 RFID 标签处于无线射频覆盖并达到触发条件时，它可按照规定协议把预定信息发送给阅读器。电子标签的种类很多，根据技术要求的不同可划分为以下几种类型。

（1）根据供电方式可分为有源标签和无源标签。有源标签自带电源，主要用于长距离数据读取，一般此类电子标签不可充电，所以其寿命有限，每隔一段时间需要更换电池。无源标签的电源来自于电磁感应产生电，由于每次产生的电量有限，所以适用于短距离识别。

（2）根据标签的读写权限可分为只读标签和读写标签。只读标签就是仅支持信息读取，不支持信息的重复写入；可读写标签既能读取信息，又可以将信息重复写入。

（3）根据内存大小可分为标识标签和数据文件标签。标识标签内存容量小，往往只能存储标识信息，适用于身份识别等小数量应用；数据文件标签内存容量大，可以存储较多数据信息，可应用于离线环境。

阅读器具有读取和识别标签数据的功能。和标签一样，根据技术要求的不同，阅读器作为接收工具也分为不同类型。

天线是无线电波的实际发生器，承载着数据传输的任务，是连接标签和阅读器的桥梁。对于低频、短距离的电子标签来说，天线除了作为信号发生器外，还起着生成电能的作用。对于高频 RFID 标签来说，由于该类标签主要用于较远距离的通信，标签一般采用有源电子标签，电能由自身供应，不用考虑感应生电的问题，天线只需考虑信号的放大和通信距离等问题。目前，我国对于 RFID 芯片的研究和设计已经有了较大的进步，但对于 RFID 天线的研究还相对较少。

2.4.3　RFID 工作原理

当被识别 RFID 标签处在天线持续发出射频信号的有效范围内时，阅读器能够解析 RFID 标签的电磁感应变化，并将之转换为有效数据。其具体工作流程如下。

（1）阅读器首先通过其发射天线发射射频信号，并产生一个电磁场区域作为工作区域。

（2）当有电子标签进入阅读器发射天线产生的磁场区域时，电子标签就在空间耦合的作用下产生感应电流，给自身电路供能，此后电子标签就被激活开始工作。

（3）电子标签被激活后，内部存储控制模块将存储器中的数据信息调制到载波上，并通过标签的发射天线发送出去。

（4）天线接收到从电子标签发送来的含有数据信息的载波信号，由天线传送到阅读器相关解调、解码等数据处理电路，对接收到的信号进行解调、解码后送到后台信息管理系统进行处理。

（5）后台信息管理系统先判断该标签的合法性，然后再根据预先设定进行相应处理和控制，最后发送指令信号进行相应操作。

2.4.4　宠物犬只识别管理

随着时代的发展，人们生活水平的提高，越来越多的人喜欢饲养宠物。为了更好地实现动物与人类和谐共处，需要采取有效的管理措施，加强对犬只的管理。建立犬类信息识别系统可以实现高效便捷的犬只信息管理。

系统在犬只识别方面通常采用电子标签管理，犬类电子标签一般采用无源设计、犬类皮下植入方式，使用 RFID 阅读器对电子标签数据进行读取，实现犬只身份的识别，根据识别的犬只标识系统可查询该犬只的相关信息，包括犬只的基本信息、年审信息、投诉记录、免疫状态以及犬只所有人的身份信息等。犬类信息识别系统基本框架如图 2-20 所示。

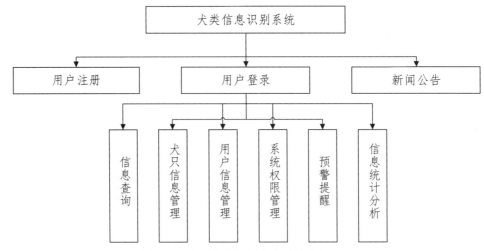

图 2-20 犬类信息识别信息系统基本框架

在对犬只进行识别时，一般使用手持式 RFID 读写器读写犬只芯片，读写器带有数据输入与输出功能，适用于人工操作。手持 RFID 阅读器如图 2-21 所示。

犬只识别 RFID 标签通常选用注射类芯片，内部材质使用无铅无毒材料，外部材质使用玻璃加生物涂层，规格一般为 7×1.25mm，工作温度-20℃～80℃，储存温度-40℃～80℃，工作频率 125KHZ/13.56MHZ，芯片类型为可封装低频芯片，封装工艺采用生物玻璃封装，芯片集成在一个密封的玻璃柱内，该识别 RFID 使用方便、体积小，使用寿命长，表面带有防滑动材料。注射类犬只 RFID 如图 2-22 所示。

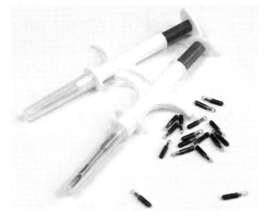

图 2-21　手持 RFID 阅读器　　　　　　　图 2-22　注射类犬只 RFID

基于射频技术的犬类信息识别系统提供用户注册功能，用户首次使用要先注册，后续使用输入账户名、密码、验证码登录。不同用户拥有不同的使用权限，如系统管理权限、数据输入权限、查询权限等。用户角色根据系统使用权限不同，分为超级用户、管理人员、宠物医院人员和普通用户等。具体主要有以下功能模块。

（1）登录模块。实现用户的注册和登录。已经注册过的用户可以通过验证其账号和密码的合法性进行登录，登录过程需要输入动态验证码，系统登录界面如图 2-23 所示。

图 2-23　系统登录界面

（2）查询功能。系统提供各类信息查询功能，对于犬只信息可通过扫描、读取其 RFID 标签来完成查询。

（3）犬只信息管理功能。该功能包括注册信息、犬只基本信息、犬只迁移信息、犬只防疫信息、犬只注销信息等。系统提供数据的导入/导出、信息删除、修改、新增、打印等功能。

（3）用户信息管理。该功能包括用户注册信息、用户基本信息、用户犬只关联等。对用户数据信息提供查询、编辑、删除、新增等基本操作功能。

（4）系统权限管理。系统根据用户类型的不同设置不同的权限角色，并进行分类管理，预设超级管理员、管理员、一般用户三种角色，可根据需要进行更多设置。

（5）预警提醒。系统提供针对犬只防疫、计划免疫、体检等预警提醒功能，根据犬只的具体情况推送提示信息和预警告知。

（6）信息统计分析。提供系统内犬只和用户相关信息的数据统计和分析报表功能。

课后练习

一、选择题

1. （　　）是指利用农业传感器、RFID、条码、GPS、RS 等在任何时间与任何地点，对农业领域物体进行信息采集和获取的技术。

　　A．农业信息感知技术　　　　　　　　B．农业信息传输技术

　　C．农业信息处理技术　　　　　　　　D．地理信息系统

2. （　　）是在频谱的射频部分，利用电磁耦合或感应耦合，通过各种调制和编码方案，与射频标签交互通信唯一读取射频标签身份的技术。

　　A．NFC　　　　　　B．RFID　　　　　　C．GIS　　　　　　D．RS

3. 按照（　　）方式对 RFID 系统分类，可分为无源、有源和半有源。

　　A．工作频率　　　B．能量供给　　　C．识别距离　　　D．体积大小

4. 农业物联网的基本框架不包括（　　）。

　　A．感知层　　　　B．传输层　　　　C．应用层　　　　D．会话层

5．无线物联网节点之间的通信一般不会受到下列（　　）因素影响。

　　A．节点能量　　　　B．障碍物　　　　C．天气　　　　　　D．时间

6．利用 RFID、传感器、条码等随时随地获取物体的信息，指的是（　　）。

　　A．可靠传递　　　　B．全面感知　　　　C．智能处理　　　　D．互联网

7．无线应变传感器接受（　　）信息，并转化为电信号。

　　A．压力　　　　　　B．声　　　　　　　C．光　　　　　　　D．位置

8．目前，二维码不能表示的数据类型是（　　）。

　　A．文字　　　　　　B．数字　　　　　　C．二进制　　　　　D．视频

二、填空题

1．农业物联网框架可以划分为_____层、_____层、_____层和_____层。

2．农业物联网关键技术包括_____、_____、_____三个方面。

3．_____是物联网的关键技术之一，包括农业预测预警、农业优化控制、农业智能决策、农业诊断推理和农业视觉信息处理等。

4．无线传感器一般由_____、_____、_____和_____四个部分组成。

5．常用的标签编码技术有_____、_____、_____。

6．RFID 系统由_____、_____和_____组成。

7．按照 RFID 系统的工作频率不同，对 RFID 进行分类可分为_____、_____和_____三大类。

三、简答题

1．农业物联网的关键技术有哪些？

2．简述 RFID 工作原理。

3．一个基础的 RFID 应用系统应包括哪几个主要组成部分？

第 3 章　3S 技术

3S 是多学科高度集成的，对空间信息进行采集、处理、管理、分析、表达、传播和应用的现代信息技术。3S 技术可以提供准确、实时的空间和时间信息数据，并对这些数据进行高效提取、分析和处理。3S 技术为科学研究、政府管理、社会生产提供了新的观测手段、描述语言和思维工具，采用 3S 技术进行全新概念的数据采集和数据更新已得到应用。随着社会发展，人们对生态环境和畜牧业问题越来越重视，利用 3S 技术可以对畜牧业资源进行深入的分析和研究，为畜牧业资源的管理提供先进的技术手段。本章将介绍 3S 技术的概念、组成，分析 3S 技术的工作原理，详细讲述 3S 技术在智慧畜牧业中的应用，从 RS 获取多源信息，由 GPS 定位和导航，利用 GIS 进行数据综合处理分析，提供动态的畜牧业信息和丰富的图文图表，最终提出决策实施方案。

学习目标

- 了解 3S 技术的概念。
- 理解 3S 技术的组成。
- 理解 3S 技术的工作原理。
- 了解 3S 技术与智慧畜牧业的联系。
- 掌握 3S 技术在畜牧业中的应用。

3.1　3S 技术与畜牧业生产

3S 技术是地理信息系统（Geographical Information System，GIS）、全球定位系统（Global Positioning System，GPS）和遥感技术（Remote Sensing，RS）的统称，因这三个概念的英文中最后一个单词都以 S 开头而得名。3S 技术是空间技术、传感器技术、卫星定位与导航技术和计算机技术、通信技术结合，多学科高度集成的对空间信息进行采集、处理、管理、分析、表达、传播和应用的现代信息技术。3S 技术的结合应用、取长补短，是一个自然的发展趋势，三者之间的相互作用形成了"一个大脑，两只眼睛"的框架，即 RS 和 GPS 向 GIS 提供或更新区域信息以及空间定位，GIS 进行相应的空间分析，并从 RS 和 GPS 提供的浩如烟海的数据中提取有用信息、进行综合集成，使之成为决策的科学依据。

GIS、RS 和 GPS 三者集成利用，构成整体的、实时的和动态的对地观测、分析和应用的运行系统，提高了 GIS 的应用效率。在实际的应用中，较为常见的是 3S 两两之间的集成，如 GIS/RS 集成，GIS/GPS 集成或者 RS/GPS 集成等。用 RS 和 GPS 收集数据，用 GIS 作为管理平台去解决相关问题，这只是三种技术的综合应用，不能称之为集成。真正的 3S 集成系统应当在数据结构的层次上实现，以地理信息系统为信息管理平台，需要管理分析的数据有 GPS 数据和 RS 数据，GPS 数据比较容易进入 GIS 空间数据库，而 RS 数据相对困难，RS 数据进入 GIS 空间数据库必须按照 GIS 的数据结构的要求进行。GIS、GPS、RS 集成最好的办法是整体的集成，成为统一的系统，但实现起来较为困难。

在 3S 集成系统中，GPS 相当于定位器，主要用于实时快速提取目标、各类传感器和运载平台的空间位置；RS 相当于传感器，用于实时或准实时地提供目标及其环境的语义或非语义信息，发现地球表面的各种变化，及时对相关数据进行更新；GIS 相当于中枢神经，对多种来源的时空数据进行综合处理、动态分析、集成管理、分析加工，作为集成系统的基础平台。

RS、GIS 和 GPS 集成系统的综合应用，可以充分发挥各自的技术优势，是实时、准确而又经济地为人们提供所需要的各种空间信息和决策辅助信息的有力手段。3S 技术综合应用的基本思路是：利用 RS 提供最新的图像信息，利用 GPS 提供图像信息中的主要位置信息，利用 GIS 为图像处理、分析应用提供技术手段。三者紧密结合，可以为人们提供精确的基础资料，其中包括图件（地图、机器构造图、建筑设计图等的总称）和文本数据。

3S 技术在畜牧业生产中发挥着重要作用，其强大的空间数据处理、分析和表达能力为解决畜牧业资源的合理利用和保护提供强有力的保障，从技术上将逐步替代传统的调查、规划、监测和管理手段，使畜牧行业由单一粗放的经营管理模式进入动态化、科学化、现代化的经营管理模式，让传统的畜牧业活动更加高效和增益，有助于盈利能力的提高，实现养殖高产，同时减少对环境和气候变化的影响。

我国是一个人口稠密的农业大国，牧区气候条件恶劣，水资源、畜牧资源匮乏。为了尽快实现草畜资源的协调发展,必须建立一套高效的管理信息系统对草地资源进行科学准确的分析，根据草地的生态特征、植物的生物学特性、畜牧业发展的客观规律以及国内外的先进经验，确定合理的载畜量、畜群结构、草地利用方式，科学高效地管理经营草地，防止草原生态环境进一步退化。

3S 技术的应用使畜牧业管理者能很快地、有效地从相互矛盾的应用和数据类型中得出结论，以便从可持续发展的高度处理生产、生态、社会、经济等这些系统问题。以 3S 技术为核心可以构建草地畜牧业管理信息系统，通过对草场资源信息的采集、存储、加工和传输，建立动态的数据库，为干旱、半干旱地区的畜牧业的管理和决策提供有效的技术支持。草地畜牧业管理信息系统将实现草地资源管理的自动化，可以通过遥感监测反映出草地退化、土地利用变更等信息，以便及时采取对策。可以根据草地资源的变化、实地调查数据以及气候因素（主要是降水），实时反映出指定草场在一定时期内的合理载畜量，评估草地承载潜力或超载率，以此作为草畜平衡管理的依据。

目前，3S 技术主要应用于畜牧业资源经营管理、畜牧业资源动态监测、放牧管理的监测和评估、植物生产性能和生物量水平测定、草地土壤调查和制图、野生动物栖息地制图、病虫灾害监测和防治等方面。

3.2　地理信息系统

古往今来，几乎人类所有活动都是发生在地球上，都与地球表面位置（即地理空间位置）息息相关，随着计算机技术的日益发展和普及，地理信息系统（GIS）以及在此基础上发展起来的"数字地球""数字城市"在人们的生产和生活中发挥越来越重要的作用。

3.2.1　GIS 概述

1967 年，世界上第一个真正投入应用的地理信息系统由加拿大联邦林业和农村发展部在安大略省的渥太华研发。由 GIS 之父罗杰·汤姆林森博士负责的这个系统被称为加拿大地理信息系统，用于存储、分析和利用加拿大土地统计局收集的关于土壤、农业、休闲，野生动物、水禽、林业和土地利用的地理信息数据，以确定加拿大农村的土地能力。

地理信息系统是一种特定的十分重要的空间信息系统。它是在计算机软、硬件系统支持下，对整个或部分地球表层（包括大气层）空间中的有关地理分布数据进行采集、存储、管理、运算、分析、显示和应用的技术系统。

GIS 地理数据是根据特定的空间数据模型或时空数据模型，即对地理空间对象进行概念定义、关系描述、规则描述或时态描述的数据逻辑模型，按照特定的数据结构，生成的地理空间数据文件。对于一个 GIS 应用来说，会有一组数据文件，称为地理数据集。一般来讲，地理数据集在 GIS 中多数采用数据库系统进行管理，但少数也采用文件系统管理。

空间分析是 GIS 的重要内容。地理空间信息是首先对地理空间数据进行必要的处理和计算，进而对其加以解释产生的一种知识产品。地理空间数据处理的方法形成了 GIS 的空间分析功能。

显示是对地理空间数据的可视化处理。一些地理信息需要通过计算机可视化方式展现出来，以帮助人们更好地理解其含义。

应用指的是地理信息如何服务于人们的需要。只有将地理信息适当应用于人们的认识行为、决策行为和管理行为，才能满足人们对客观现实世界的认识、实践、再认识、再实践的循环过程，这正是人们建立 GIS 的根本目的所在。

由上述概念可看出，地理信息系统具有以下五个基本特点。

（1）地理信息系统是以计算机系统为支撑的。地理信息系统是建立在计算机系统架构之上的信息系统，是以信息应用为目的的。它由数据采集子系统、数据管理子系统、数据处理与分析子系统和数据产品输出子系统等若干相互关联的子系统组成。

（2）地理信息系统操作的对象是地理空间数据。地理空间数据是地理信息系统的主要数据来源，具有空间分布特点。空间数据的最根本特点是，每一个数据都按统一的地理坐标进行编码，实现对其定位、定性和定量描述。只有在地理信息系统中，才能实现空间数据的空间位置、属性和时态三种基本特征的统一。

（3）地理信息系统具有对地理空间数据进行空间分析、评价、可视化和模拟的综合利用优势。由于地理信息系统采用的数据管理模式和方法具备对多源、多类型、多格式等空间数据进行整合、融合和标准化管理能力，为数据的综合分析利用提供了技术基础，可以通过综合数据分析，获得常规方法或普通信息系统难以得到的重要空间信息，实现对地理空间对象和过程的演化、预测、决策和管理能力。

（4）地理信息系统具有分布特性。地理信息系统的分布特性是由其计算机系统的分布性和地理信息自身的分布特性共同决定的。地理信息的分布特性决定了地理数据的获取、存储和管理、地理分析应用具有地域上的针对性，计算机系统的分布性决定了地理信息系统的框架是分布式的。

（5）地理信息系统的成功应用更强调组织体系和人的因素的作用，这是由地理信息系统的复杂性和多学科交叉性所要求的。地理信息系统工程是一项复杂的信息工程项目，兼有软件工程和数字工程两重性质。地理信息系统工程涉及多个学科的知识和技术的交叉应用，需要配置具有相关知识和技术能力的人员队伍。

地理信息系统主要具有数据信息的录入和存储、数据处理和更新、空间分析、成果输出四大功能。

地理信息系统按其内容可以分为专题地理信息系统、区域地理信息系统、地理信息系统工具三大类。

（1）专题地理信息系统是具有有限目标和专业特点的地理信息系统，为特定的行业服务，如交通地理信息系统、矿业地理信息系统等。

（2）区域地理信息系统主要以区域综合研究和全面的信息服务为目标，根据区域的大小有不同的规模，如河南省地理信息系统，中国黄河流域信息系统等。实际应用中，许多地理信息系统是介于专题和区域地理信息系统之间的区域专题地理信息系统，如北京市水土流失信息系统、河南省冬小麦估产信息系统等。

（3）地理信息系统工具又称地理信息系统外壳，是一组具有图形图像数字化、存储管理、查询检索、分析运算和多种输出等地理信息系统基本功能的软件包。

3.2.2　GIS 的组成

GIS 不同于一般意义上的信息系统，对地理空间数据进行处理、管理、统计、显示和分析应用，比传统的非空间型系统（MIS）、CAD 系统要复杂得多，特别是在数据管理、显示和空间分析方面，在系统的组成方面是多种技术应用的集成体。

完整的地理信息系统可以分为硬件系统、软件系统、数据、空间分析和人员五个部分，其组成如图 3-1 所示。

（1）硬件系统。计算机硬件系统是计算机系统中的实际物理设备的总称，是构成 GIS 的物理架构支撑。硬件的性能影响到软件对数据的处理

图 3-1　地理信息系统的组成

速度，使用是否方便及可能的输出方式。根据构成 GIS 规模和功能的不同，分为基本设备和扩展设备两大部分。基本设备部分包括计算机主机、存储设备（光盘刻录机、光盘塔、活动硬盘、磁盘阵列等）、数据输入设备（数字化仪、扫描仪、光笔、手写笔等）、数据输出设备（绘图仪、打印机等）。扩展设备部分包括数字测图系统、图像处理系统、多媒体系统、虚拟现实与仿真系统、各类测绘仪器、GPS、数据通信接口、计算机网络设备等。它们用于配置 GIS 的单机系统、网络系统（企业内部网和因特网系统）、集成系统等不同规模的模式，以及以此为基础的普通 GIS 综合应用系统（如决策管理 GIS 系统）、专业 GIS 系统（如基于位置服务的导航、物流监控系统）、能够与传感器设备联动的集成化动态监测 GIS 应用系统（如遥感动态监测系统），或以数据共享和交换为目的的平台系统（如数字城市、智慧城市共享平台）。

（2）软件系统。GIS 的软件组成构成了 GIS 的数据和功能驱动系统，关系到 GIS 的数据管理和处理分析能力。它是由一组经过集成，按层次结构组成和运行的软件体系，不仅包含 GIS 软件，还包括各种数据库，绘图、统计、通信软件及其他程序，见表 3-1。

表 3-1　GIS 软件系统的层次结构

层次	软件
1	操作系统
2	网络管理软件、工具软件
3	标准软件（图形图像处理、数据库系统、程序设计等）
4	GIS 基本功能软件（商业化的 GIS 工具或平台）
5	GIS 应用软件（二次开发）
6	GIS 与用户的接口、通信软件（用户界面、通信软件）

第 1 层和第 2 层与系统的硬件设备密切相关，故称为系统软件。它连同第 3 层标准软件共同组成保障 GIS 正常运行的支撑软件。后面 3 层主要实现 GIS 的功能，满足用户的特定需求，代表了 GIS 的能力和用途。

GIS 可以运行在不同的操作系统上，如 Unix 系统、Windows 系统等。由于 GIS 可能部署在计算机网络系统，因而关于网络管理和通信的软件是必要的，如 TCP/IP、HTTP、HTML、XML、GML 等协议、标准及有关网络驱动和管理的软件。GIS 需要使用第三方的数据库管理系统进行数据管理，因此需要配置像 Oracle、SQL Server、DB2 等关系数据库软件。一个商业化的 GIS 软件，如 ArcGIS、MapGIS、SuperMap、MapInfo、GeoStar 等提供的是面向通用功能的软件，针对用户的具体和特殊需求，需要在此基础上进行二次开发，对商业化的 GIS 软件进行客户化定制。GIS 还需要配置开发环境支持的程序设计软件，如 J2EE、C#等，以及支持 GIS 功能实现的组件库，如 ArcGIS 的 AML、ArcObject、ArcEngine 组件库，以及 MapInfo 软件的 MapX 等。

（3）数据。数据是 GIS 的操作对象，是 GIS 的"血液"，它包括空间数据和属性数据。数据组织和质量管理，直接影响 GIS 操作的有效性。数据来源主要有多尺度的各种地形图、遥感影像及其解译结果、数字地面模型、GPS 观测数据、大地测量成果数据、与其他系统交换来的数据、社会经济调查数据和属性数据等。数据类型有矢量数据、栅格数据、图像数据、文字和数字数据等。数据格式有 CAD 格式、影像格式、文本格式、表格格式等。

（4）空间分析。GIS 空间分析是 GIS 为计算和回答各种空间问题提供的有效基本工具集，但对于某一专门具体计算分析，还必须通过构建专门的应用分析模型，例如土地利用适宜性模型、选址模型、洪水预测模型、人口扩散模型、森林增长模型、水土流失模型等才能达到目的。这些应用分析模型是客观世界中相应系统经由概念世界到信息世界的映射，反映了人类对客观世界利用改造的能动作用，并且是 GIS 技术产生社会经济效益的关键所在，也是 GIS 生命力的重要保证，因此在 GIS 技术中占有十分重要的地位。

（5）人员。人员是 GIS 中最重要的组成部分，是 GIS 成功的决定因素，包括系统管理人员、系统开发人员、数据操作处理人员、数据分析人员、应用领域专家和终端用户等，他们共同决定系统的工作方式和信息的表示方式。

3.2.3 草地资源监测系统

草地是世界上分布最广泛的植被类型之一，也是陆地生态环境的重要组成部分。同时，草地也是我国陆地面积最大的生态系统类型，总面约 4 亿 hm^2，占世界草地面积的 13%，占我国国土面积的 41%左右。草地资源是指在一定范围内所包含的草地的类型、面积及其蕴藏的生产能力，是有数量、质量和分布地域概念的草地。草地资源是重要的国土资源，是宝贵、经济、有生命的、可更新的自然资源，具有极其重要的生态、经济和社会价值。草地资源是发展畜牧业的重要生产资料，具有保持水土、改良土壤、涵养水源、防风固沙、调节气候等多种生态功能，草地资源还具有经济植物开发利用、旅游、生物多样性保护等特殊价值。

但是，由于长期以来对草地资源采取重利用、轻建设、轻管理的粗放经营的方式，草地资源普遍存在着乱开滥垦、过度放牧等现象，草地沙化、退化、盐碱化面积日益增加，草地生态环境遭到严重破坏，由此而产生的区域生态问题越来越突出。受自然因素和人类活动的影响，草地生态系统内初级产品消耗过度，致使草地生态环境不断退化，系统功能耦合机制失调。草地生态功能持续弱化甚至相悖，直接影响着区域生态环境、经济和社会的可持续发展。因此，开展监测技术与方法的研究，建立有效的草地资源监测系统监测草地生态发展态势，进而完善评价体系，对于制定合理的区域生态保护和经济开发决策、保护和恢复草地生态环境效用具有重要的意义。

草地资源环境信息数据具有自己的特点，它具有比较明显的时空特性，这是指草地资源的监测是一个连续的过程，一个时间点的草地资源监测数据并不能反映草地的长期生态环境状况；空间特性是指因空间分布的差异，不同空间点同一时间的草地生态环境也是存在差异的，这就要求在做草地资源评估时应该根据地学空间统计的相关知识，采用合理的模型来对草地资源环境进行科学和合理的监测。GIS 在草地资源环境监测中的应用，可以更加明确地揭示不同区域、不同时间的草地状况，反映草地资源环境在空间和时间上的变化趋势。应用遥感手段可以获取草地生态环境多时空、大尺度的空间数据，为 GIS 系统提供数据支持。

草地资源监测系统是基于信息和知识支持的现代生态监测的集成技术，将地理信息系统、遥感技术、计算机技术等结合农学、地学、生态学、运筹学规律和数学模型，对草地环境信息进行获取、分析、处理和输出，从而根据草地区域差异、生态变化进行模拟分析、决策支持管理和指挥控制。以信息技术为支撑的草地资源监测系统是生态环境监测信息化的集中体现。

草地资源监测系统设计的目标是充分利用基础数据、遥感影像、地图数据、生态工程数据和实测数据等，利用 3S 技术与数据库技术建立具有实用价值的草地资源监测系统。具体建设过程如下。

（1）将现有的资料进行入库，包括草地资源的各种数据和草原的治理过程中产生的各种文档资料，建立草地资源监测系统的基础数据库、遥感影像数据库和专题图数据库。

（2）对草地资源实现空间查询与监测分析的功能，主要包括产草量、载畜压力指数、土地利用动态度和土壤风蚀危险度等的计算分析、数据查询等，如将矢量数据实现图形和属性互查功能，实现空间分析的功能等，同时能够根据需要结合相关的信息制作并输出各种专题图。

（3）实现监测的作用，利用遥感影像对草地资源状况以及生态工程建设情况进行监测，为草原生态建设提供科学的规划与设计。草地资源监测系统结构如图 3-2 所示。

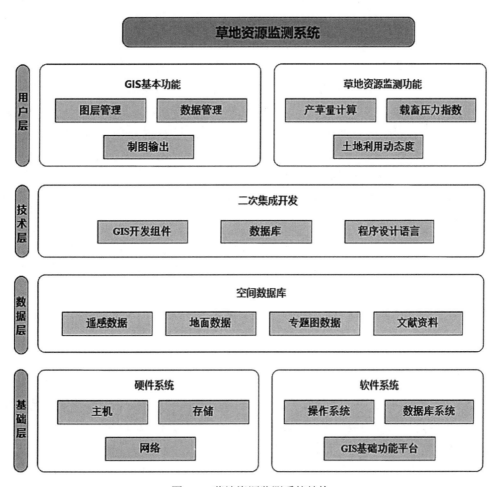

图 3-2　草地资源监测系统结构

空间技术的发展使 3S 技术越来越广泛地运用到草地资源的研究中,3S 技术的综合应用能更加实时、快速和高精度地收集、存储、管理和分析草地资源信息。采用 3S 技术对研究区的草地资源类型的属性与空间数据进行分析研究,可以建立一套方便、快捷、准确的草地资源数据信息的调查、管理和更新的科学方法。

3.3 全球定位系统

20 世纪 90 年代末,学者们将卫星导航系统引入畜牧业中。尽管 GPS 受地形影响,具有一定误差,但仍是识别畜群活动的有效手段,研究表明,GPS 能够区分采食和游走数据,当观测数据量大时,定位跟踪技术远优于目视观察。

3.3.1 GPS 概述

全球定位系统(Global Positioning System,GPS)由美国政府从 1973 年开始研制,历时 20 年,耗资 200 亿美元,于 1993 年全部建成。该系统是伴随现代科学技术的迅速发展而建立起来的新一代精密卫星导航和定位系统,不仅具有全球性、全天候、连续的三维测速、导航、定位与授时能力,而且具有良好的抗干扰性和保密性。该系统的研制成功是美国导航技术现代化的重要标志,被视为 20 世纪继阿波罗登月计划和航天飞机计划之后的又一重大科技成就。

GPS 的研制最初主要用于军事目的。如为海陆空三军提供实时、全天候和全球性的导航服务,并用于情报收集、核爆监测、应急通信和爆破定位等方面,其作用已在 1991 年海湾战争中得到了证实。以美国为首的多国部队所持有的 17000 台 GPS 接收机被认为是作战武器的效率倍增器,是赢得海湾战争胜利的重要技术条件之一。随着 GPS 系统步入试验和实用阶段,其定位技术的高度自动化及所达到的高精度和巨大的潜力引起了各国政府的关注,同时引起了广大测量工作者的极大兴趣。特别近些年来,GPS 技术在应用基础的研究、新应用领域的开拓,软硬件的开发等方面都取得了迅速发展。

GPS 由美国国防部控制,每颗导航卫星以 1575.42MHz 和 1227.6MHz 两种频率为军事用户播发加密的高精度导航数据(P 码)。同时以 1575.42MHz 的频率为民间用户播发精度较低的导航数据(C/A 码)。GPS 卫星信号包括载波信息、P 码、C/A 码、数据码(导航电文)等多种信息,根据这些信息测量 GPS 接收机到卫星的距离有多种方法。GPS 具有精确的定位能力和准确定时及测速能力。

(1)精确的定位能力。美国军用 GPS 卫星导航仪能够接收精密码(P 码)信号,其单点测距定位精度在 10m 之内,事后处理精度可达到厘米级,民用 GPS 卫星导航仪接收导航卫星发射的粗码(C/A 码),仅用于定位服务。美国出于其国家利益考虑,将粗码定位精度限制在 100m,因此单点定位精度为数十米至 100m。近年来,随着其他国家 GPS 技术的发展与提高,美国放宽了对定位精度的限制,目前可达 10m 以内。

(2)准确定时及测速能力。空间定位系统还具有准确的定时能力(如美国 GPS 时间精度误差小于 100μs),以及运动物体的测速能力。导航卫星采用固定频率连续发射导航信号,这些信号频率因 GPS 卫星导航仪与导航卫星之间相对位移而产生多普勒频移现象，由此可以计算出地面上 GPS 卫星导航仪的运动载体在三维方向的速度分量。目前，美国 GPS 三维测速精度误差小于 30cm/s。

GPS 不仅是属性数据和空间数据的重要来源，而且可以改善 GIS 数据的精确度和数据更新率，加速地理信息系统在生产实际中的推广应用。另外，GPS 对卫星遥感技术应用中的地面控制点的布设有特殊意义，进一步促进该技术在实际中应用的可能性和精度。目前，GPS 精密定位技术已经广泛地渗透到了经济建设和科学技术的许多领域，在大地测量、精密工程测量、地籍测量等方面都得到应用，充分显示了这一卫星定位技术的高精度和高效益。

3.3.2　GPS 的组成

GPS 定位技术是利用高空中的 GPS 卫星，向地面发射载频无线电测距信号，由地面上用户接收机实时地连续接收，并计算出接收机天线所在的位置的技术。GPS 由以下三部分构成，如图 3-3 所示。

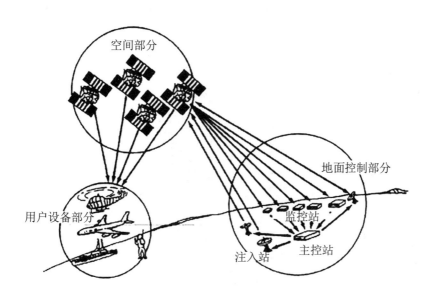

图 3-3　GPS 的构成

（1）地面控制部分，由主控站（负责管理、协调整个地面控制系统的工作）、地面天线（在主控站的控制下，向卫星注入导航数据和指令）、监测站（数据自动收集中心）和通信辅助系统（数据传输）组成。

（2）空间部分，由 24 颗卫星组成，分布在 6 个近圆形轨道平面上。

（3）用户设备部分，由 GPS 信号接收机和卫星天线组成。

在全球卫星定位系统中，GPS 卫星的主要功能是接收、存储和处理地面监控系统发射来的导航电文及其他有关信息；向用户连续不断地发送导航和定位信息，并提供时间标准、卫星本身的空间实时位置及其他在轨卫星的概略位置；接收并执行地面监控系统发送的控制指令，如调整卫星姿态和启用备用时钟、备用卫星等。

GPS 地面监控系统除主控站外均由计算机自动控制，无须人工操作。各地面站间由现代化通信系统联系，实现了高度的自动化和标准化。

用户设备部分的核心是 GPS 信号接收机，一般由主机、天线和电源三部分组成。主要功能是跟踪接收 GPS 卫星发射的信号并进行变换、放大、处理。测量出接收天线至卫星的伪距离和距离的变化率，解调出卫星轨道参数等数据。根据这些数据，接收机中的微处理计算机就可以按照定位解算方法进行定位计算，实时计算出用户所在地理位置的经纬度、高度、速度、时间等信息。

目前各种类型的接收机体积越来越小，重量越来越轻，便于野外观测使用。市场上常见的 GPS 接收机种类特别多，如小博士 GPS、Vista C 蜂彩、Gps76C 等。例如常用的美国天宝 Juno SB 手持机，如图 3-4 所示，是一种经久耐用、便于携带的野外仪器，采用 Windows Mobile 6.1 操作系统，它是包括数码照相机、蜂窝通信和精度达 2～5 米的高生产率的多功能 GPS 接收机，有数字化、数据字典编辑等特殊的功能。数据字典可以在野外采集地物数据特征和属性时建立菜单选择、设置缺省值。数据字典使数据输入更快、更精确，也确保了采集的数据能满足 GIS 的要求。另外，到了野外后，如果出现未预料到的情况，也很容易能通过增加数据字典中新的特征和属性项来采集全部有用的数据。

北斗卫星导航系统

图 3-4　天宝 Juno SB 手持 GPS

3.3.3　北斗卫星导航系统

目前，全球卫星定位系统主要有美国的 GPS、欧洲的伽利略系统、俄罗斯的格洛纳斯系统以及我国的北斗卫星导航系统。

（1）北斗卫星导航系统概述。北斗卫星导航系统（BeiDou Navigation Setellite System，BDS）是由我国自主研制、组建、独立运行并与世界上其他主要的卫星导航系统兼容的一个卫星导航系统，简称北斗系统。但有些文献中不用北斗的汉语拼音，而直接将其称为 COMPASS 系统。

我国高度重视北斗系统的建设发展，自 20 世纪 80 年代以来开始探索适合我国国情的卫星导航系统发展道路，形成了"先试验、后区域、再全球"的三步走发展战略。1994 年启动北斗一号系统工程建设，2000 年年底建成北斗一号系统，向我国提供服务；2012 年年底，建成北斗二号系统，向亚太地区提供服务，服务范围涵盖亚太大部分地区；2020 年建成覆盖全球的卫星导航系统，可在全球范围内为各类用户提供全天候、高精度的定位、导航和授时服务，且具有短信服务功能。北斗卫星导航系统如图 3-5 所示。

图 3-5　北斗卫星导航系统

北斗卫星导航系统目前在轨服务卫星共计 45 颗，包括北斗二号卫星 15 颗，北斗三号卫星 30 颗。北斗系统由空间段、地面段和用户段三部分组成。

- 空间段。北斗系统空间段由若干地球静止轨道卫星、倾斜地球同步轨道卫星和中圆地球轨道卫星等组成。
- 地面段。北斗系统地面段包括主控站、时间同步/注入站和监测站等若干地面站，以及星间链路运行管理设施。
- 用户段。北斗系统用户段包括北斗兼容其他卫星导航系统的芯片、模块、天线等基础产品，以及终端产品、应用系统与应用服务等。

北斗卫星导航系统具有三个特点。一是北斗系统空间段采用三种轨道卫星组成的混合星座，与其他卫星导航系统相比高轨卫星更多，抗遮挡能力强，尤其低纬度地区性能优势更为明显。二是北斗系统提供多个频点的导航信号，能够通过多频信号组合使用等方式提高服务精度。三是北斗系统创新融合了导航与通信能力，具备实时导航、快速定位、精确授时、短报文通信、位置报告和国际搜救等多种服务能力。

北斗系统现在能够提供导航定位和通信数传两大类、七种服务，面向全球范围提供定位导航授时、全球短报文通信和国际搜救三种服务；在中国及周边地区提供星基增强、地基增强、精密单点定位和区域短报文通信四种服务。

- 定位导航授时服务。全球范围实测定位精度水平方向优于 2.5m，垂直方向优于 5.0m；测速精度优于 0.2m/s，授时精度优于 20ns。系统连续性提升至 99.996%，可用性提升至 99%。
- 全球短报文服务。通过 14 颗中轨道卫星，可为全球用户提供试用服务，最大单次报文长度 560 比特，约 40 个汉字。
- 国际搜救服务。6 颗中轨道卫星与其他卫星导航系统共同组成全球中轨搜救系统。在符合国际标准的基础上，提供北斗特色 B2b 返向链路确认功能，为全球用户提供遇险报警服务。

- 区域短报文服务。面向我国及周边地区用户提供服务，最大单次报文长度 14000 比特，约 1000 个汉字。
- 精密单点定位服务。通过 3 颗地球静止轨道卫星播发精密单点定位信号，提供精密单点定位服务。定位精度实测值水平优于 20cm，高程优于 35cm，收敛时间 15～20min。
- 星基增强服务。覆盖我国及周边地区用户，支持单频及双频多星座两种增强服务模式，满足国际民航组织对于定位精度、告警时间、完好性风险等指标要求。目前星基增强系统服务平台已基本建成，面向民航、海事、铁路等高完好性用户提供试运行服务。
- 地基增强服务，利用在我国范围内建设的框架网基准站和区域网基准站，面向行业和大众用户提供实时厘米级、事后毫米级定位增强服务。

（2）北斗卫星导航系统应用。北斗定位项圈监测羊群位置，手机上设置电子围栏，足不出户也能放牧；红绿灯提前获知即将到站的公交车，根据实际情况智能调整变灯时间；渔民出海，手机没有通信信号，通过北斗的短报文通信便可与外界联系、了解气象信息……北斗系统提供服务以来，已在交通运输、农林渔业、水文监测、气象测报、通信授时、电力调度、救灾减灾、公共安全等领域得到广泛应用，如图 3-6 所示，服务国家重要基础设施，产生了显著的经济效益和社会效益。

图 3-6　北斗系统行业应用

在北斗系统的支撑下，我国北斗产业链已经形成了完整的内循环：上游基础部件是产业自主可控的关键环节，主要由基带芯片、射频芯片、板卡、天线等构成；中游主要包括终端集成和系统集成，是产业发展的重点；下游的解决方案和运维服务提供众多行业应用。

- 基础产品方面。我国实现了卫星导航芯片、模块、天线、板卡等基础产品的自主可控，形成了完整的产业链，逐步应用到国民经济和社会发展的各个领域。伴随着互联网、大数据、云计算、物联网等技术的发展，北斗基础产品的嵌入式、融合性应用逐步加强，产生了显著的融合效益。
- 交通运输领域。交通运输行业是北斗系统最大的应用行业之一。交通运输是国民经济、社会发展和人民生活的命脉，北斗卫星导航系统是助力实现交通运输信息化和现代化的重要手段，对建立畅通、高效、安全、绿色的现代交通运输体系具有十分重要的意义。主要包括陆地应用，如车辆自主导航、车辆跟踪监控、车辆智能信息系统、车联网应用、铁路运营监控等；航海应用，如远洋运输、内河航运、船舶停泊与入坞等；航空应用，如航路导航、机场场面监控、精密进近等。

- 农林渔业领域。北斗卫星导航技术结合遥感、地理信息等技术，使得传统农业向智慧农业加快发展，显著降低了生产成本，提升了劳动生产率，提高了劳动收益，主要包括农田信息采集、土壤养分及分布调查、农作物施肥、农作物病虫害防治、特种作物种植区监控以及农业机械无人驾驶、农田起垄播种、无人机植保等应用；林业管理部门利用北斗应用进行林业资源清查、林地管理与巡查等，主要包括林区面积测算、木材量估算、巡林员巡林、森林防火、测定地区界线等应用，其中巡林员巡林、森林防火等使用了北斗特有的短报文功能；渔业方面，北斗为渔业管理部门和渔船提供出海导航、渔政监管、渔船出入港管理、海洋灾害预警、渔民短报文通信等服务。特别是在没有移动通信信号的海域，使用北斗系统短报文功能，渔民能够通过北斗终端向家人报平安，有力保障了渔民生命安全、国家海洋经济安全、海洋资源保护和海上主权维护。

- 防灾减灾领域。这个领域是北斗系统较为突出的行业应用之一。在地震监测、森林防火监测、山体滑坡监测、泥石流监测、楼宇桥梁水库监测等应用中，北斗系统能够提供实时位置监测、实时救灾指挥调度、救灾物资管理与调运、应急通信、灾情信息快速上报与共享等服务，显著提高灾害预警、灾害应急救援等防灾减灾的快速反应能力和决策能力。

- 数字施工领域。北斗卫星定位联合多传感器及互联网等技术，广泛应用于矿山、铁路、公路、机场、港口、电力基础设施等施工过程中，显著提升工程施工的质量和效率，降低了人工和材料成本投入，有效提高了安全水平。

- 大众应用领域。北斗系统大众服务发展前景广阔，基于北斗的导航服务已被电子商务、移动智能终端制造、位置服务等厂商采用，广泛进入中国大众消费、共享经济和民生领域。随着 5G 时代的到来，北斗正在与新一代移动通信、区块链、人工智能等新技术加速融合，北斗应用的新模式、新业态、新经济不断涌现，深刻改变着人们的生产生活方式。在人工智能的催生下，很多智能手机提供地图导航、智能停车等智能出行精准导航服务，为用户提供了更安全、更高效、更省心的出行指导。在电子商务领域，国内多家电子商务企业的物流货车及配送员，应用北斗车载终端和手环，实现了车、人、货信息的实时调度。在智能穿戴领域，多款支持北斗系统的手表、手环等智能穿戴设备以及学生卡、老人卡等特殊人群关爱产品不断涌现，得到广泛应用。

随着北斗和 5G 两大基础设施的彼此增强、相互赋能，促进融技术、融终端、融平台、融数据、融服务发展，北斗系统应用模式将更加丰富。

3.3.4 畜产品冷链物流监控系统

我国是畜牧业大国，畜牧业是现代农业产业结构中最重要的组成部分，在我国农业中占据着举足轻重的地位。近年来，随着畜禽养殖业的迅速发展，我国已经成为了世界畜禽生产的第一大国。畜产品属于生鲜农产品，保鲜期较短，与普通的商品相比有着自身非常鲜明的特点，主要表现为极易腐坏变质，区域性和季节性较强，这对畜产品的物流活动产生了较大影响，提出较高要求。随着经济的发展，人们生活水平逐步提高，居民对冷藏类食品的需求量呈增长趋势，这对我国的冷链物流提出了较高要求。

针对冷链物流行业，可对被控车辆进行远程位置追踪、环境温湿度采集和反馈，并对载货信息进行远程读写，从而实现对整个冷链物流线路进行管理、监控和调度，建立冷链物流运输监控系统，系统主要采用全球卫星定位技术、温湿度采集检测技术、计算机无线网络传输技术、RFID 射频识别技术、电子信息技术以及地理信息技术，经集成后开发出冷链物流跟踪监控系统。

冷链物流远程监控系统主要分为车载终端和监控终端两大部分，车载终端温湿度传感器模块采集冷藏车厢内部环境温湿度。GPS 定位模块实时采集经纬度、海拔和时间等定位信息，并将信息显示在车载终端 LCD 液晶屏上，并通过 GPRS 模块发送至用户移动端。RFID 射频读写器模块记录货物装卸及中转信息。车载终端安装 LCD 液晶屏实时显示当前状态下采集到的所有数据信息。利用 GPRS 无线网络技术，将所有采集到的数据信息传输到远程监控中心或手机移动端，进行冷链车的追踪和查询。监控中心需要利用 GPS 技术来获取车辆的实时位置信息，GPS 模块主要负责对卫星信号的接收和解析计算，监控中心人员通过接收到的数据完成冷链运输车辆的监控和调度工作。冷链物流监控系统结构如图 3-7 所示。

图 3-7   冷链物流监控系统结构

由于车厢内环境温湿度的变化是决定冷链物流中货品品质能否达标的关键因素，在冷链物流中，对于运输产品的不同，冷藏车厢内需要保持的温湿度也差别很大。以冷鲜肉为例，来模拟畜产品冷链物流监控系统在整个冷链过程中的工作状态。冷鲜肉从工厂仓库装载到冷链物流车中，同时将货物数量说明等信息记录到管理系统中，通过 RFID 射频识别模块将数据写入车载端射频储存卡中，当冷链物流车进入下一中转站重新装卸部分货物时，工作人员同样记录装货信息到管理系统中，再通过 RFID 模块增加一条新的记录信息到射频储存卡中，当冷链物流车进入目的仓库后，卸载货物的同时也将新的更新数据写入射频储存卡中，这样储存卡中就已经记录了三条物流货物信息。在物流运输途中，监控设备可以利用无线网络发送询问信息到车载终端来收集当前车厢内部数据信息，当 GPRS 无线通信模块接收到询问信息后，会将 GPS 定位信息、射频储存卡内储存信息和采集到的环境温湿度信息一起发送到远程监控终端上。

总之，冷链物流监控系统能够实现通过应用 RFID 设备对物流过程中的车内温度进行监控，并结合 GPS 技术对运输车辆进行实时定位监控，实现物品温度以及运输途中的车辆状态的选择跟踪、查询等实时监控功能。利用系统，可以详细地了解物品在运输过程中是否发生了温度变化以及可能由此引起的质量变化，并及时采取补救措施。在运输过程中，如果温度发生改变，可以发出预警，并记录下温度、质量、时间的变化。同时，通过 GPS 技术对车辆的准确定位与调度，对物流运作实施统一的调度与监控，可以实现运输路线最优，可以提高物流服务的监控能力及效率，从而达到降低成本的目的。

3.4　遥感技术

人类一直憧憬具有遥感的能力，从古代神话中的千里眼和顺风耳的幻想，到 1858 年利用气球获得巴黎上空的鸟瞰照片，以及用信鸽进行照相侦察都有所体现。然而直到 20 世纪后期，人类才真正走进了从航空航天平台上频繁获取地表海量空间信息的时代。

3.4.1　RS 概述

遥感一词来源于英语 Remote Sensing，简称 RS，顾名思义，就是遥远地感知，遥感的概念是由美国海军科学研究部的学者 E.L.Pruitt 于 1960 年提出来的。为了比较全面地描述这种技术和方法，E.L.Pruitt 把遥感定义为"以摄影方式或非摄影方式获得被探测目标的影像或数据的技术"。"遥感"这一术语随后得到科学技术界的普遍认同和接受，并被广泛应用，遥感技术也逐步发展起来，成为一门对地观测的综合性技术。

遥感就是通过不接触被探测的目标，利用传感器获取目标数据，通过对数据进行分析，获取被探测目标、区域和现象的有用信息。对于遥感的概念，遥感学者们还有一些其他的解释。加拿大遥感中心的 Larry Morley 解释遥感为探测和分析电磁辐射的技术，这些电磁辐射产生于地表或近地表空间大气、水、物质的电磁反射、传输、吸收和散射，其目的是理解、解决地球资源和环境问题。

遥感的科学含义通常有广义和狭义两种解释。广义遥感是指在不直接接触目标的情况下，对目标物或自然现象远距离感知的一种探测技术。狭义遥感是指应用探测仪器，不与探测目标相接触，从远处把目标的电磁波特性记录下来，通过分析处理，揭示出目标物的特征性质及其变化的综合性探测技术，主要是指电磁场的遥感。

遥感是在现代科技推动下发展起来的对地观测信息获取和处理技术的一场革命，也是一门科学。遥感科学是在地球科学与传统物理学、现代高科技基础上发展起来的一门新兴交叉学科。

遥感技术有多种分类方式。

（1）根据所选波性质分类。从广义遥感的概念来理解，遥感并非单纯是电磁波遥感，泛指一切无接触的远距离探测。因此，按照所选波的性质，遥感可以分为电磁波遥感、声学遥感（如声呐）和物理场遥感（如重力场）。

（2）根据遥感平台分类。按遥感平台通常分为航天遥感、航空遥感和地面遥感。航天遥感是指在航天平台上进行的遥感，平台有探测火箭、卫星、宇宙飞船、空间站和航天飞机等。航空遥感是指在航空平台上进行的遥感，平台有飞机、气球等。地面遥感是指平台处于地面或近地面的遥感，平台有三脚架、遥感车、遥感塔等。

（3）根据传感器探测电磁波段分类。以传感器探测的电磁波段，可以分为可见光遥感、红外遥感、微波遥感和紫外遥感等。

（4）根据信息记录表现形式分类。按信息记录的表现形式，遥感可以分为成像方式和非成像方式遥感。

（5）根据传感器工作方式分类。按传感器的工作方式，遥感可以分为主动遥感和被动遥感。主动遥感先由探测器向目标物发射电磁波，然后接收目标物的回射，如雷达遥感。被动遥感探测器不向目标物发射电磁波，只接收目标物的自身发射和对天然辐射（主要是太阳）的反射能量，如航空摄影遥感。

（6）根据遥感应用分类。从空间尺度分类，有全球遥感、区域遥感、局部遥感（如城市遥感）；从地表类型分类，有海洋遥感、陆地遥感、大气遥感；从行业分类，有测绘遥感、资源遥感、环境遥感、农业遥感、林业遥感、水文遥感等。

3.4.2　遥感技术系统

遥感技术系统是一个从地面到空中直至空间，从信息收集、存储、传输处理到分析判读、应用的完整技术系统，主要由信息源、信息获取、信息记录与传输、信息处理以及信息应用五个部分组成，如图 3-8 所示。

图 3-8　遥感技术系统组成

（1）信息源。遥感的能源是电磁辐射源发出的电磁辐射，如物体自身、太阳、人工发射源等，电磁辐射是遥感的信息源。目标与电磁辐射相互作用后，产生的目标物电磁波特性（反射、辐射等）是遥感的依据。因此，电磁辐射理论是遥感的物理依据，测定物体的电磁波特性是遥感的基础工作。

（2）信息获取。遥感信息的获取，主要是通过搭载遥感平台的传感器来记录目标物的电磁波特性。

遥感平台是指遥感中搭载传感器的运载工具。遥感平台的种类很多，按平台距离地面的高度大体上可以分为地面平台、航空平台和航天平台。

传感器是远距离探测和记录地物环境辐射或反射电磁波能量的遥感仪器，传感器通常安装在不同类型和不同高度的遥感平台上。它的性能决定遥感的能力，即传感器对电磁波的响应能力、传感器的空间分辨率以及影像的几何特性、传感器获取地物信息量的大小和可靠程度。因此，传感器是遥感技术的核心之一。

传感器依据记录方式的不同，可以分为成像传感器和非成像传感器。成像传感器把所探测到的地物辐射能量用影像的形式表示出来，可表现为胶片记录或数字存储形式，如航空摄影相片、多光谱扫描影像、线性阵列扫描影像、合成孔径雷达影像。非成像传感器把所探测到的地物辐射能量用数字或曲线图表示，直接记录目标的测量参数信息，如激光高度计记录高度信息、光谱辐射计记录目标的光谱辐射信息、微波辐射计记录目标的微波反射信息等。

（3）信息记录与传输。遥感信息主要是指由航空遥感或卫星遥感所获取的胶片和数字影像。遥感成像的胶片，可以在航空遥感摄影结束后待航空器返回地面时回收，即直接回收；卫星遥感需要通过返回舱，卫星经过指定回收地面上空时，投放回收舱而得到成像胶片。遥感成像的数字影像，机载可以记录在存储器内直接回收；星载通常以无线电传送的方式，将遥感信息传送到地面站。依据数据是否立即传送回地面站，可以分为实时传输和非实时传输。实时传输是指传感器接收到信息后，立即传送回地面接收站；非实时传输是将信息暂时存储于数字介质内，卫星通过地面接收站的接收范围时，再把数据发送到地面接收站。

考虑到通信信道的带宽及遥感信息的信息量，为了保证信息的实时和有效传输，遥感信息获取后首先进行数据压缩，压缩的信息传输到地面接收站后，再进行解压缩，以便数据的预处理。

（4）信息处理。通过传感器获取并传输到地面接收站的遥感信息，通常会受到多种因素的影响，如传感器性能、平台姿态的稳定性、大气的影响、地球曲率、地物本身及周围环境等，使得遥感影像记录的地物光谱特性和几何特性发生变化，即辐射畸变和几何畸变。因此，接收站接收的遥感影像，必须经过地面数据处理中心的预处理，才能提交给用户使用。

信息预处理主要是辐射校正和几何校正。对于合成孔径雷达传感器，信息预处理则更为复杂一些。辐射校正包括影像的相对和绝对辐射标定，目的是建立传感器数字量化输出值与所对应目标辐射亮度值之间的定量关系；几何纠正通常根据用户的不同，采用不同的几何纠正过程，如地球曲率改正、大气改正、地形起伏改正等。

（5）信息应用。信息应用是遥感的最终目的，通常需要各类专业人员完成。信息的应用需要进行大量的信息处理和分析工作，并且依据领域的不同，可能有不同的应用处理过程，但通常都需要对数据进行分析、分类和解译，从而将影像数据转化为能解决不同领域实际问题的有用信息。例如，应用于农业，需要识别土壤的类别信息和作物类型信息，形成土壤分类图和作物分类图等；应用于林业和生态时，要识别出植物或植被的类型信息以及植被的生长状况；应用于地质时，需要识别出岩石类型和地质构造信息，形成岩石类型和地质构造专题图。

3.4.3　草原鼠虫害监测预警系统

鼠虫害是草原主要的生物灾害，由于长期危害成灾，对草原生态环境造成很大破坏。草原退化与草原鼠虫害的发生是相伴而行的，草原鼠虫害发生严重，说明草原退化也严重。草地鼠虫害因其分布地域的广泛性和危害的持续性，对草地生态环境、草地生产力以及草地畜牧业造成极大的危害。鼠类不仅大量啃食植物绿色部分，同时也危害植物根系，减少生物量，尤其对靠根系繁殖的禾本科牧草危害较重。更为严重的是，大量鼠类的挖掘改变了土壤的表层结构，深层钙积土被挖出并抛到地面，这些浮土不仅抑制植物生长，而且极易被风吹起或被雨水冲散，造成植物覆盖度大幅度下降，加剧了沙漠化进程，造成草原生物多样性下降。鼠类挖掘的土丘在风蚀、径流的作用下不但会造成当地草原大片裸露，而且也是沙尘暴的重要尘源。危害草原的害虫主要有黏虫、草地螟、蝼蛄、蝗虫、象甲、草地夜蛾、蓟马类、蚜虫、蚂蚁等。它们主要取食牧草叶片、根茎、种子等，使绿色植物皱褶、干枯、死亡。草原虫害发生的轻重，除受发生区上一年成虫基数的影响外，还受当年该区气候条件（如气温、降水量）等的影响较大。

因此，对草地鼠虫害的监测与预测预报是十分必要的，也是灭鼠治虫工作的基础和重要组成部分，是科学预测鼠虫害发生和蔓延，是提高鼠虫害防治效果和草地畜牧业经济效益的重要措施，是可持续发展草地畜牧业的重要环节。

草地资源与生态状况具有明显的宏观特性，相对于传统的地面调查，应用3S技术进行草原鼠害的监测与预测研究能够从宏观上及时准确地反映其现实状况和历史动态变化。草原鼠害动态监测系统建立的依据是草原上害鼠的种类及其种群数量的不同对草原植被的危害程度不同，由此引起草原植被的群落组成及其覆盖度变化，这种变化又可以敏感地反映在植被反射的光谱值上。通过对遥感信息的光谱资料分析，便可以对草地鼠害的种类、数量及危害程度进行实时准确地监测和监控，使防治有的放矢。

在虫害动态监测领域，鉴于绿色植物叶子内部组织结构、功能的变异（即叶色的变化、叶与植株变形、叶片物理结构变化、叶绿素含量变化以及叶片上的残留物等）可使受虫害的草地寄主在光谱特性上发生明显变化。因此，根据光谱反射率的差异和结构异常在遥感数字图像上的记录，通过图像增强处理和模式识别，并在地理信息系统和专家系统的支持下，就可实施对草地虫害的监测。当绿色植物叶内含水量和叶绿素含量减少时（虫害侵袭）反射率则有明显下降，这是病虫害发生的前兆，是利用卫星遥感技术监测早期虫害的根本依据。

3S技术用于草原鼠虫害管理时，要将地形地势图、土壤类型图、植被类型图、水系分布图、优势种害鼠区域分布图、害虫分布图等建成空间数据库，把鼠虫害的发生、危害程度、各种气象因子等建成属性数据库，利用地理信息系统的空间数据库操作和图形处理分析等功能，就可产生关于鼠虫害暴发、危害、扩散等信息，从而制定相应的管理决策措施。

　　应用 3S 集成技术监测草原鼠虫害的基本流程如图 3-9 所示。利用 RS 提供的最新图像作为草原鼠虫害调查的数据源（或由 GPS 提供的点线空间坐标作为数据源），通过计算机将 RS 图像进行矢量化，并判读出灾情发生点；利用 GIS 作为图像处理、分析应用、数据管理和储存的操作平台，确定灾情发生点的精确地理坐标、危害程度、发生范围和面积等所需信息；利用 GPS 作为定位目的点位确定空间坐标的辅助工具，可制定出测报点分布图与详查线路图，并帮助地面实地调查人员找到鼠虫害源地的准确位置，三者紧密结合可提供内容丰富的鼠虫情资料和及时精确的基础资料。

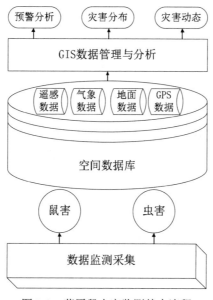

图 3-9　草原鼠虫害监测基本流程

　　通过草原鼠虫害监测，可及时发布草原鼠虫重大灾害监测预警信息并定期发布草原鼠虫害趋势分析报告。草原行政主管部门根据草原鼠虫害监测预警信息，制订防治计划，采取防治措施，启动紧急预案，及时消除草原鼠虫灾害爆发隐患，将鼠虫害控制在危害水平以下。

课后练习

一、选择题

1. 世界上第一个地理信息系统是（　　）。
　　A. 美国地理信息系统　　　　　　B. 加拿大地理信息系统
　　C. 日本地理信息系统　　　　　　D. 中国数字城市

2. 应用 GIS 技术的最终目的是（　　）。
　　A. 处理信息　　　　　　　　　　B. 记录信息
　　C. 便于信息查询　　　　　　　　D. 为地理决策提供信息

3. 在获取了不同动物的觅食半径资料后，准确划定觅食区范围可以采用的效率最高的技术手段是（　　　）。

    A．GIS　　　　　　B．GPS　　　　　　C．RS　　　　　　D．手工绘图

4. 要想随时知道自己所处位置的地理坐标，需要拥有（　　　）。

    A．全球定位技术　　　　　　　　B．GPS 信号接收机

    C．地理信息技术　　　　　　　　D．遥感技术

5. 在下列选项中，可以利用全球定位系统检测的是（　　　）。

    A．山体位移　　　B．地震震级　　　C．震源深度　　　D．地震烈度

6. 以下（　　　）不是遥感平台。

    A．卫星　　　　　B．飞机　　　　　C．三脚架　　　　D．自行车

7. 遥感常用的电磁波有（　　　）。

    A．微波、无线电波　　　　　　　B．红外线、X 射线

    C．紫外线、红外线　　　　　　　D．可见光、伽马射线

8. 实时监测和预报水稻病虫害灾情所运用的信息技术是（　　　）。

    A．全球定位系统、数字地球　　　B．地理信息系统、数字地球

    C．地理信息系统、遥感技术　　　D．专家系统、全球定位系统

二、填空题

1. 3S 技术指的是_____、_____、_____。

2. 按内容地理信息系统可分为_____、_____、_____。

3. GIS 一般由_____、_____、_____、_____、_____五个部分组成。

4. GPS 由_____、_____和_____三部分组成。

5. 遥感系统包括_____、_____、_____、_____、_____五个部分。

三、简答题

1. 简述地理信息系统的基本功能。

2. 什么叫 GPS 信号接收机？其作用是什么？

3. 简述北斗卫星导航系统的特点。

4. 简述遥感的分类。

四、思考题

1. 什么是 3S 技术，其各部分的作用分别是什么？

2. 思考身边关于 3S 技术的应用场景，分析应用了哪几项技术，效果如何？

第4章 网络技术

网络技术对传统行业的影响是颠覆性的，充分发挥网络技术在生产要素配置中的优化和集成作用，将网络技术的创新成果深度融合在畜牧业这样的传统行业，是时代的需要。随着畜牧业生产过程中信息化水平的日益提高，畜牧业生产过程的数据传输方式也随之发展。网络技术和畜牧业的结合促使畜牧业行业发展中的理念、生产技术、管理水平等等都发生变化。畜牧业利用网络技术可以实现畜牧电商、线上服务等应用，引领行业实现一个新的飞跃。本章主要介绍网络技术相关基本知识，包括互联网技术、无线传感器网络、移动通信网络、ZigBee 无线网络等，并通过讲解智慧畜牧生产中数据传输解决方案了解网络技术在畜牧业生产中的具体应用。

学习目标

- 了解互联网技术的相关概念。
- 了解无线传感器网络的相关概念。
- 了解移动通信网络的相关概念。
- 了解 ZigBee 无线网络的相关概念。
- 掌握智慧畜牧生产中数据传输相关技术和应用。

4.1 互联网技术

互联网技术是以计算机作为通信的基本载体，使用网络通道，实现互联网通信的一种网络技术。不论是声音、图片还是影片视频，都可以在互联网上进行传输，实现资源共享。互联网通信技术打破传统的地域和空间限制，使得信息可以快速地传到目的地。互联网技术是在计算机技术的基础上开发建立的一种信息技术。互联网技术通过计算机网络的广域网使不同的设备相互连接，提供信息的高速传输，改变了人们的生活和学习方式。互联网技术的普遍应用，是进入信息社会的标志。

4.1.1 互联网概述

计算机网络由若干结点和连接这些结点的链路组成。网络中的结点可以是计算机、集线器、交换机或路由器等。图 4-1（a）给出了一个具有四个结点和三条链路的网络，该网络有三台计算机通过三条链路连接到一个交换机上。

网络和网络之间可以通过路由器连接起来，构成一个覆盖范围更大的计算机网络，这样的网络称为互联网，如图 4-1（b）所示，互连网可以理解为"网络的网络"。

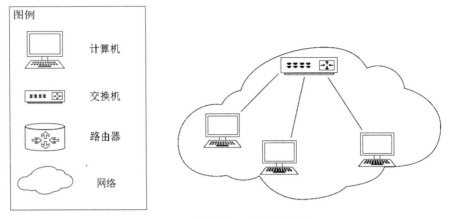

（a）四个节点和三个链路的网络

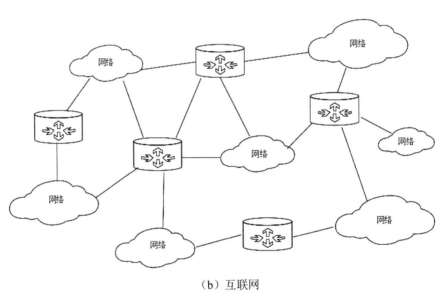

（b）互联网

图 4-1   网络互连

人们现在常说的互联网，即 Internet（因特网），是一个专用名词，可以理解为是一个特殊的网络。Internet 是指当前全球最大的、开放的、由众多网络相互连接而成的特定互联网，它采用 TCP/IP 协议簇作为通信的规则，其前身是美国的 ARPANET。互联网的发展大体上经历了三个阶段的演进。

第一阶段是从单个网络 ARPANET 向互联网发展的过程。1969 年，美国国防部创建了 ARPANET，最初是一个独立网络。到了 20 世纪 70 年代中期，人们认识到不可能仅使用一个单独的网络来满足所有的通信问题。于是美国国防部开始研究网络互连的技术，从而导致互联网的出现。这就是现今互联网（Internet）的雏形。1983 年 TCP/IP 协议成为 ARPANET 上的标准协议，使得所有使用 TCP/IP 协议的计算机都能利用互联网相互通信，因而人们就把 1983 年作为互联网的诞生时间。

第二阶段的是建成了三级结构的互联网。从 1985 年起，美国国家科学基金会（National Science Foundation，NSF）就围绕六个大型计算机中心建设计算机网络，即国家科学基金网 NSFNET。它是一个三级网络，由主干网、地区网和校园网（企业网）构成。NSFNET 覆盖了全美主要大学和研究所，成为互联网的主要组成部分。1991 年，世界上很多公司也接入到了互联网，使网络上的通信量剧增，为了保证互联网的正常运行，互联网的主干网开始由私人公司经营，接入互联网也开始收费。1992 年，互联网上的主机数超过 100 万台。

互联网发展的第三阶段是逐渐形成了多层次 ISP 结构的互联网，ISP（Internet Service Provider）即互联网服务提供商。由于接入用户的增多，互联网逐渐成为由多个商用网络构成的网络，这些网络的管理和运行由 ISP 负责，ISP 可以向互联网管理机构申请 IP 地址（接入互联网的主机必须有 IP 地址才能正常访问网络），有上网需求的用户通过租赁的方式获取 IP 地址，就可以访问互联网了。中国电信、中国联通、中国移动等公司都是 ISP。

互联网的迅猛发展开始于 20 世纪 90 年代，欧洲原子能研究组织开发的万维网 WWW（World Wide Web）被广泛应用在互联网，这大大方便了非专业人员对互联网的使用，成为互联网使用增长的主要驱动力。全球互联网用户数量持续高速增长，截至 2021 年，全球互联网用户数量达到 48.8 亿人，占世界人口的比重达到 61.8%。

4.1.2　网络传输介质

网络传输介质是网络中发送方与接收方之间的物理通路，是网络中传输信息的载体，它对网络的数据通信影响很大。常用的传输介质为有线传输介质和无线传输介质两大类，不同的传输介质特性也各不相同，传输介质的不同对网络中数据通信质量和通信速度有较大影响。

（1）有线传输介质。有线传输介质是指在两个通信设备间实现的物理连接，能将信号从一方传输到另一方。有线传输介质主要有双绞线、同轴电缆和光纤。双绞线和同轴电缆传输电信号，光纤传输光信号。

1）双绞线电缆。双绞线分为非屏蔽双绞线（UTP）和屏蔽双绞线（STP）。双绞线一般用于星型网的布线连接，两端安装有 RJ45 插头（俗称水晶头），连接网卡与集线器，最大网线长度为 100 米，如果要加大网络的范围，在两段双绞线之间可安装中继器，最多可安装 4 个中继器，最大传输范围可达 500 米。双绞线和水晶头如图 4-2 所示。

图 4-2　屏蔽双绞线、非屏蔽双绞线、水晶头

2）同轴电缆。同轴电缆由绕在同一轴线上的两种导体组成，根据同轴电缆直径的不同，可分为粗缆和细缆两种。粗缆传输距离长，性能好但成本高、网络安装维护困难，一般用于大型局域网的干线，连接时两端需端接终端负载。细缆安装较容易，造价较低，一般用于局域网的有线连接。按照电缆传输频带的不同，同轴电缆可分为基带同轴电缆和宽带同轴电缆两种。基带同轴电缆阻抗为50Ω，只能传输数字信号，信号占整个信道，同一时间内只能传送一种信号。宽带同轴电缆阻抗为75Ω，既可以传输模拟信号，也可以传输数字信号，可同时传送不同频率的信号。同轴电缆及接头如图4-3所示。

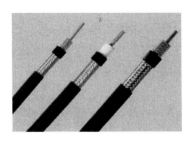

图4-3　同轴电缆及接头

3）光纤。光纤用来传播光束，由一组光导纤维组成。光纤在传输信号时，由光发送机产生光束，将电信号变为光信号，再把光信号导入光纤，在另一端由光接收机接收光纤上传来的光信号，并把它变为电信号，经解码后再处理。与其他传输介质比较，光纤的电磁绝缘性能好、信号衰减小、频带宽、传输速度快、传输距离大。光纤主要用于传输距离较长、布线条件特殊的主干网连接。光纤如图4-4所示。

图4-4　光纤

（2）无线传输介质。无线传输介质指周围的自由空间，信息被加载在电磁波上，电磁波在自由空间进行传播从而实现无线通信。在自由空间传输的电磁波根据频谱可将其分为无线电波、微波、红外线、激光等。

无线电波具有较强的传透能力，可以传输很长的距离，所以它被广泛地应用于通信领域，如移动电话通信以及计算机网络中的无线局域网（WLAN）等。由于无线电波能将信号向各个方向散播，这就使在有效距离范围内的接受设备无须面向某一个方向与无线电波发射者进行通信连接，从而简化了通信连接，这也是无线电波传输的重要优点之一。

高带宽的无线通信主要使用微波、红外线和激光。它们都需要在发送方和接收方之间有一条视线通路，有很强的方向性，都是沿直线传播，有时统称这三者为视线介质。不同的是红外线通信和激光通信把要传输的信号分别转换为各自的信号格式，即红外光信号和激光信号。

微波通信的频率较高、频段范围也广，载波频率通常为 2～40GHz，因为通信信道的容量大，例如一个带宽为 2MHz 的频段就能容纳 500 条语音线路，若用来传输数字信号，数据率可达到数兆比特每秒。与无线电波不一样，微波通信的信号都是沿直线传播的，故在地面的传播距离有限，超过一定距离后就要使用中继站来转发。

卫星通信是利用地球同步卫星作为中继来转发微波信号的一种通信方式，可以克服地面微波距离的限制。理论上三颗相邻 120° 的同步卫星几乎能覆盖整个地球表面，因而卫星通信基本能实现全球覆盖。卫星通信的优点是通信容量大、距离远、覆盖广，缺点是端到端的传播延迟较长。

4.1.3 网络体系结构

多个不同地理位置的计算机通过通信信道和设备互连起来构成的网络是一个十分复杂的系统，它涉及计算机技术、通信技术等多个领域。在网络系统中，由于计算机型号不一，终端类型各异，加之线路类型（固定线路或交换线路）、连接方式（点对点或多点）、同步规则（同步或异步）、通信方式（全双工或半双工）的不同，给网络中各节点间的通信带来许多不便。一个庞大又复杂的计算机网络要可靠运行，网络中的各个部分必须遵守一套合理而严谨的管理规则。

网络体系结构是针对计算机网络所执行的各种功能而设计的一种层次结构模型，同时也为不同的计算机系统之间的互连、互通和互操作提供相应的规范和标准，即协议。网络体系结构是计算机网络中各实体之间相互通信的层次以及各层中的协议和层次之间接口的集合，是计算机网络的分层结构、各层协议和功能的集合。

1974 年，IBM 公司提出了世界上第一个网络体系结构 SNA（System Network Architecture）并在公司内部得到了广泛的应用。随后，包括 NEC 在内的多家公司都相继开发了自己的网络体系结构。这些网络体系结构都采用了分层技术，但层次的划分、功能的分配以及采用的技术标准均不相同，这就使得不同的厂家生产的计算机系统很难实现网络互联、互通。为了实现不同厂家生产的计算机系统之间以及不同网络之间的网络互连，国际标准化组织（ISO）对当时各类计算机网络体系结构进行了研究，并于 1981 年正式公布了一个网络体系结构模型作为国际标准，即开放系统互连参考模型（Reference Model of Open System Interconnect，OSI/RM，也称为 ISO/OSI）。这里"开放"表示任何遵守 OSI/RM 的系统都可进行互连。

国际标准化组织制定的开放系统互连参考模型给出了原则性的说明，包括体系结构、服务定义和协议规范。ISO/OSI 将整个网络功能划分为 7 个层次，分别是物理层（Physical Layer）、数据链路层（Data Link Layer）、网络层（Network Layer）、传输层（Transport Layer）、会话层（Session Layer）、表示层（Presentation Layer）和应用层（Application Layer），对各层进行了标准的制定，定义各层提供的服务以及层与层之间的抽象接口和服务原语，如图 4-5 所示。

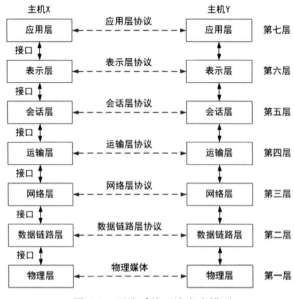

图 4-5　开放系统互连参考模型

4.1.4　IP 地址与域名

开放系统互连参考模型的定义过于庞大和复杂，是一种理论上的网络体系协议，在实际的网络中并不适用。现实网络中最常见的网络体系协议是 TCP/IP 协议体系。传输控制协议/网际协议（Transmission Control Protocol/Internet Protocol，TCP/IP）是 Internet 中基本的通信协议，也被称为 TCP/IP 协议簇。

TCP/IP 协议体系在 OSI 参考模型的基础上做了简化，主要由四层构成。其中，TCP/IP 参考模型的应用层与 OSI 参考模型的应用层相对应，TCP/IP 参考模型的传输层与 OSI 参考模型的传输层相对应，TCP/IP 参考模型的互连层与 OSI 参考模型的网络层相对应，TCP/IP 参考模型的网络接口层与 OSI 参考模型的数据链路层和物理层相对应。在 TCP/IP 参考模型中，对 OSI 参考模型的表示层、会话层没有对应的协议。

TCP/IP 协议簇规定了网络上所有的通信设备，尤其是主机之间的数据往来格式及传送的方式。Internet 的网络用户要想与世界各地的主机进行网络通信需要遵循互联网协议，即 IP 协议才能连入到 Internet 中，而连入 Internet 的前提是拥有合法的 IP 地址。在 Internet 网络中，任何连入网络的通信设备都需要一个唯一的 IP 地址，否则设备无法正常工作。

IP 地址是由一组 32 位二进制数字组成，在实际使用时，用 4 个十进制数表示，每个十进制数对应于 IP 地址中的一个 8 位二进制数，十进制数之间用"."分隔，每个十进制数不大于 255，例如 192.168.1.1。

32 位二进制数表示的 IP 地址能够提供近 40 亿个地址，但由于连入 Internet 网络的设备数量逐年增加，IP 地址也面临紧缺的情况，为解决这一问题，又开发了新一代的 IP 协议，新协议规定 IP 地址由 128 位二进制表示，这就从根本上缓解了 IP 地址不足的问题，新的 IP 协议被称作 IPv6 协议，作为区分，老的 IP 协议被称为 IPv4 协议。

　　IPv4 协议规定的 IP 地址由网络号和主机号组成，是长度为 32 位的二进制数，分为 A 类、B 类、C 类、D 类和 E 类。IPv4 协议各类地址格式如图 4-6 所示。

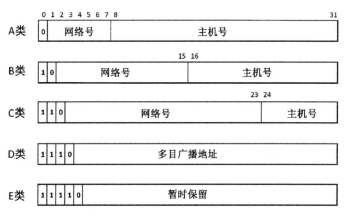

图 4-6　IPv4 协议各类地址格式

　　A 类 IP 地址由 1 字节的网络地址和 3 个字节主机地址组成，网络地址的最高位必须是"0"。A 类 IP 的地址第一个字段范围是 0～127，但是由于全 0 和全 1 的地址用作特殊用途，实际可指派的网络数为 126 个。每个网络的主机地址由 3 个字节组成，实际可包含的主机数为 2^{24}-2 台。适用于有大量主机的大型网络。

　　B 类 IP 地址由 2 个字节的网络地址和 2 个字节的主机地址组成，网络地址的最高位必须是"10"，即第一段数字范围为 128～191，可指派的网络数为 214 个，每个网络的主机地址由 2 个字节组成，实际可包含的主机数为 65534（2^{16}-2，主机号的各位不能同时为 0，1）台。

　　C 类 IP 地址由 3 字节的网络地址和 1 字节主机地址组成，网络地址的最高位必须是"110"。C 类 IP 地址中网络的标识长度为 24 位，主机标识的长度为 8 位，C 类网络地址数量较多，有 209 万余个网络，每个网络最多能包含 254 台主机，适用于小规模的局域网络。

　　D 类地址不标识网络，此类地址的起始地址为 224～239，用于特殊用途，如多目广播。

　　E 类地址用于某些实验和预留使用，其起始地址为 240～255。

　　尽管 IP 地址能够唯一地标记网络上的计算机，但 IP 地址是一长串数字，不直观，而且用户记忆十分不方便，于是人们又发明了另一套字符型的地址方案，即所谓的域名（Domain Name）。IP 地址和域名是一一对应的，域名地址的信息存放在一个叫域名服务器（Domain Name Server，DNS）的主机内，网络用户只需通过域名地址即可访问网络，而域名和 IP 地址的转换工作由域名服务器自动完成。例如域名 www.chinafarming.com，其对应的IP 地址为 125.211.197.122。

　　域（domain）是名字空间中一个可被管理的单元，域下可以被划分为子域，子域下还可以继续划分为子域，这样就形成了顶级域、二级域、三级域等层次结构。互联网中完整的域名由两个或两个以上的部分组成，各部分之间使用英文的点"."作为分隔符，如上文中刚刚提到的 www.chinafarming.com。域名中最右边的"."的右边部分称为顶级域名或一级域名，即 com 等，往左为二级域名、三级域名，以此类推，上例中 chinafarming 为二级域名。

　　每一级域名控制它下一级域名的分配，用户可以根据需要提出域名的申请，由相应的域名与地址管理机构负责审批。顶级域名由互联网名称和数字地址分配机构（the Internet Corporation for Assigned Names and Numbers，ICANN）批准设立，当前 Internet 的域名体系中有三类顶级域名，即通用顶级域名、国家代码顶级域名和新增通用顶级域名。通用顶级域名也叫国际域名，共有 7 个，分别为 com，用于商业公司；net，用于网络服务；org，用于组织机构；gov，用于政府部门；edu，用于教育行业；mil，用于军事机构；int，用于国际组织。国家代码顶级域名又称"地理顶级域名"，包含 243 个国家和地区的代码，每个代码由两个字母缩写构成，例如中国的代码是 cn。ICANN 根据因特网发展的需要和相关机构的申请陆续批准了一批新的顶级域名，现已陆续开放了 400 多个顶级域。

　　二级域名的命名规则由相对应的顶级域名管理机构指定并管理。我国在顶级域名 cn 下，采用层级结构设置各级域名，分为行政区域名和类别域名两类。行政区域名 34 个，涵盖各省、直辖市、自治区。类别域名 6 个，包括科研机构 ac、工商金融企业 com、教育机构 edu、政府部门 gov、网络服务 net、组织机构 org。域名层次结构如图 4-7 所示。

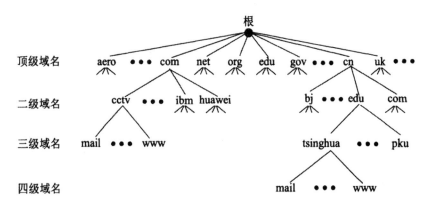

图 4-7　域名层次结构

4.1.5　局域网组建

　　局域网是指覆盖范围不超过方圆几千米的计算机网络，因其具备安装便捷、成本节约、扩展方便等特点，在各类办公场所得到广泛运用。局域网可以实现文件管理、应用软件共享、打印机共享等功能。

　　由于覆盖的区域面积较小，组建局域网采用的技术和设备与组建 Internet 有很大的不同，局域网的组成一般由计算机设备、网络连接设备、网络传输介质三部分构成。其中，计算机设备包括服务器与工作站；网络连接设备包含网卡、集线器、交换机；网络传输介质有网线和无线两种，网线一般采用同轴电缆、双绞线或光纤。局域网根据网络传输介质的不同分为有线局域网和无线局域网两种。

　　局域网组建之前，首先要根据具体需求进行总体的设计。不同的应用场景对局域网的结构、数据传输能力以及日后的发展状况有不同的需求，可以针对具体使用人员情况、经费状况以及具体的工作模式进行分析和统计，从而选择合适的硬件和软件进行局域网的组建。估算接入网络的计算机数量，明确网络是否需要提供信息的共享、打印机共享、传真机等服务，根据网络可能发生的数据吞吐量和网络延迟指标，确定服务器、交换机等设备的型号来满足网络需求。总体而言，局域网组建工作首先要根据具体网络使用情况进行合理的规划。

为了确保网络能够稳定运行，硬件的可靠性是首要保障。局域网组建一般需要交换机、服务器、线缆等。交换机以及集线器的接口数量和数据传输能力是网络的重要参数，选型应尽量采用市面上主流的配置，采取一线大牌厂商所制备的产品。局域网络结构多采用星形结构，交换机作为中心节点，呈星状发散式连接多台计算机设备。规模较大的局域网也可以采用树形结构。局域网络的线材根据应用需求可选用有线或无线介质，线材选取应充分考虑信号干扰问题。布线时要考虑网络区域环境对于走线的影响，确定交换机和集线器的位置，统一规划布线图，便于后期的维护工作。

为保证局域网的正常运行，需要统一规划局域网内 IP 地址的分配，设置并管理打印机以及各种服务设备；为保证局域网的安全可对网络用户进行安全等级的划分，分配不同的网络权限；设置防火墙，配置合理的安全策略；在网络内安装主流杀毒软件来抵制计算机病毒的入侵；建立网络管理规章制度。

4.2　无线传感器网络

由于畜牧业生产自身的特殊性，传统的有线网络在布线、安装、维护等方面难以实现，因此，无线传感器网络在畜牧业物联网中得到了广泛的应用。

4.2.1　WSN 概述

无线传感器网络（Wireless Sensor Network，WSN）是一项通过无线通信技术把传感器节点自动进行组织与结合形成的网络形式。构成传感器节点的单元分别为：数据采集单元、数据传输单元、数据处理单元以及能量供应单元。其中数据采集单元能够采集监测区域内的信息并加以转换，比如通过传感器将光照强度、大气压力、温湿度等环境参数转换为电信号；数据传输单元以无线通信方式发送接收这些采集的数据信息；数据处理单元负责处理网络中各节点的路由协议和管理任务以及定位；能量供应单元为节点提供电能。

无线传感器网络主要由三部分组成，包括节点、传感网络和用户。其中，节点一般是通过一定方式部署在被监测的区域并达到一定数量的覆盖；传感网络能将所有的节点信息通过固定的渠道进行收集，然后对这些节点信息进行一定的分析计算，将分析后的结果汇总到一个基站，最后通过无线传输到指定的用户。

无线传感器网络具有众多类型的传感器，可探测包括地震、电磁、温度、湿度、噪声、光强度、压力、土壤成分、移动物体的大小、速度、方向等覆盖区域内多种环境数据，其应用领域包括军事、航空、防爆、救灾、环境、医疗、保健、家居、工业、商业等。近年来，随着智慧畜牧业迅速发展，无线传感器网络在畜牧业领域得到了广泛应用。

相较于传统式的网络和其他传感器相比，无线传感器网络有以下特点：

（1）组建方式自由。无线网络传感器的组建不受任何外界条件的限制，组建者无论在何时何地，都可以快速地组建起一个功能完善的无线传感器网络，组建成功之后的维护管理工作也完全在网络内部进行。

（2）网络拓扑结构的不确定性。从网络层次的方向来看，无线传感器的网络拓扑结构是变化不定的，例如构成网络拓扑结构的传感器节点可以随时增加或者减少，网络拓扑结构可以随时被分开或者合并。

（3）控制方式不集中。虽然无线传感器网络把基站和传感器的节点集中控制了起来，但是各个传感器节点之间的控制方式还是分散式的，路由和主机的功能由网络的终端实现，各个主机独立运行、互不干涉，因此无线传感器网络的强度很高，很难被破坏。

（4）安全性不高。无线传感器网络采用无线方式传递信息，因此传感器节点在传递信息的过程中很容易被外界入侵，从而导致信息的泄露和无线传感器网络的损坏，大部分无线传感器网络的节点都是暴露在外的，这大大降低了无线传感器网络的安全性。

4.2.2　WSN 拓扑控制与覆盖技术

无线传感器网络的网络拓扑结构是组织无线传感器节点的组网技术，有多种形态和组网方式。

（1）按照其组网形态和方式分为集中式、分布式和混合式。无线传感器网络的集中式结构类似移动通信的蜂窝结构，集中管理；无线传感器网络的分布式结构，类似 AdHoc 网络结构，可组织网络接入连接，分布管理；无线传感器网络的混合式结构是集中式和分布式结构的组合。

（2）按照节点功能及结构层次划分，无线传感器网络通常可分为平面网络结构、分级网络结构、混合网络结构以及 Mesh 网络结构。

1）平面网络结构是无线传感器网络中最简单的一种拓扑结构，该结构中所有节点都是对等的，如图 4-8 所示；网络拓扑简单易于维护，具有较好的健壮性；由于没有中心管理节点组网算法复杂。

◎传感器节点

图 4-8　平面网络结构

2）分级网络结构，也叫层次网络结构，该结构网络分为上层和下层两部分，上层为中心骨干节点，下层为一般传感器节点，如图 4-9 所示。

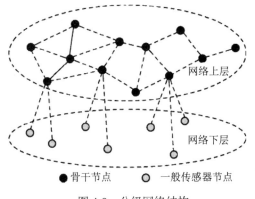

图 4-9　分级网络结构

3）混合网络结构特点是网络骨干节点之间及一般传感器节点之间都采用平面网络结构，网络骨干节点和一般传感器节点之间采用分级网络结构，如图 4-10 所示。

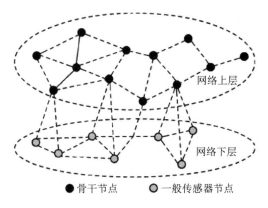

图 4-10　混合网络结构

4）Mesh 网络结构是规则分布的网络，无线节点通常只能和最近的邻居节点通信，网络内部节点地位相同，因此 Mesh 网络也称为对等网，如图 4-11 所示。

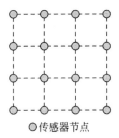

图 4-11　Mesh 网络结构

4.2.3　WSN 通信与组网技术

常见的无线传感器网络通信与组网技术包括 LoRa 技术、Wi-Fi 技术和 ZigBee 技术。

LoRa 技术作为低功耗广域网技术，在生态监测领域中有广泛的应用，该技术有远距离、低功耗、低成本、低复杂度、低速率、标准化等特点。LoRa 技术是升特（Semetch）公司于 2013 年发布的低功耗广域网技术，工作于非授权频段，在 433MHz 频带上接收灵敏度可达 -148dbm，在空旷地带覆盖范围可达 15km，一节五号电池理论上可以为终端节点供电 10 年，网关节点在一平方公里的范围内理论上可以连接 5000 个节点，数据速率在 0.3～50kb/s 的范围内。LoRa 网络通常采用星形拓扑结构进行组网，LoRa 网关作为连接终端节点和网络服务器的信息纽带，双向传递数据。网关通过标准的 TCP/IP 协议连接网络服务器，终端节点通过单跳的方式连接一个或多个网关。终端的通信是双向的，并且支持广播的方式进行软件更新等大量数据分发。终端节点和网关间可以在不同频率的信道以不同的速率进行数据传输，速率的选择是根据传输距离和数据到达时间确定的。另外，LoRa 采用线性调频扩频技术，即兼顾了频移键控低功耗的优点，又提高了网络利用率和抗干扰能力。为了达到电池寿命与网络容量之间的最优化，LoRa 采用数据自适应策略。靠近网关的节点可使用较高的传输速率和较低的输出功率，以达到较短的传输时间和较少的功耗；处于链路环境较差的节点则使用较低的传输速率和较大的功率，以保证数据的有效传输。

Wi-Fi 技术是一种基于 IEEE802.11 标准的无线局域网技术，被广泛应用于智能终端及其周边设备中。Wi-Fi 兼容的设备可以通过 WLAN 和无线接入点连接到互联网，室内信号的覆盖范围在 20m 左右，在室外则可以获得更大的覆盖范围。IEEE802.11 第一个版本诞生于 1997 年，其中定义了 MAC 层和物理层，工作于 2.4GHz 频段，最大传输速率 2Mbit/s。之后经历了四代发展：802.11b，使用 2.4GHz 频带，最大传输速率 11Mbit/s；802.11g/a，可使用 2.4GHz 和 5GHz 频带，最大传输速率 54Mbit/s；802.11n，可使用 2.4GHz 和 5GHz 频带，20MHz 和 40MHz 信道宽度下最大传输速率为 72Mbit/s 和 150Mbit/s；802.11ac，只使用 5GHz 频带，最大传输速率 500Mbit/s。

ZigBee 技术是一种基于 IEEE802.15.4 协议的短距离、低功耗、低复杂度、低速率的全双工无线通信技术。ZigBee 技术在环境监测领域有较为广泛的应用，ZigBee 技术相对于 LoRa 技术其设备成本更加低廉，相对于局域网 Wi-Fi 技术其功耗更低。

无线传感器网络的几种无线通信技术的比较见表 4-1。

表 4-1　无线传感器网络的无线通信技术比较

参数	ZigBee	LoRa	Wi-Fi
系统开销	小	小	大
功耗	低	比 ZigBee 低	高
网络节点	理论 65000 个，一般 200～500 个	理论 60000 个	255 个
传输距离	10～100m	城市 1～2km，郊外 20km	户外 100m
最大传输速度	250kb/s	0.3-50kb/s	150Mb/s
安全性	AES-128	AES-128	AES/TKIP
传输频段	868/915MHz、2.4GHz	433MHz、868MHz、915MHz	2.4GHz、5GHz
支持组织	ZigBee 联盟	LoRa 联盟	IEEE802.11
应用领域	控制网络，无线传感网络	低功耗广域网、私有网络	无线局域网

4.2.4　WSN 关键技术

无线传感器网络在现实应用中常常需要在环境因素、价格因素、体积因素、能耗因素、应用功能和效率因素等方面充分考虑，一般情况下要涉及以下几个方面的关键技术：

（1）无线通信技术。由于传感器节点能量很受限，计算、存储和通信能力有限，传感器终端节点和网络协调器节点之间的通信往往通过多跳路由的方式来实现。因此必须选择一套合适的短距离无线通信协议，生成一个能高效转发数据的多跳无线通信网络。

（2）节点制造技术。节点的成本、体积、能耗等问题是影响着网络应用能力的一个重要因素。因此，设计有效的策略延长网络的生命周期成为节点制造技术的核心问题。

（3）节点定位技术。位置信息是传感器节点采集数据中不可或缺的一部分，一般来说主要有两种节点定位方式，即基于距离的定位和距离无关的定位。

（4）数据管理与融合技术。传感器网络在实际应用中的生命期受限于能耗，而减少传输的数据量则能够有效地节省能量。可以充分利用传感器节点、网关节点的数据处理能力对数据进行分析，进行融合处理，减少数据通信量，从而节省能量，延长网络的生命期。

（5）网络安全技术。数据的安全性主要从两个方面考虑，一是从维护路由安全的角度寻找尽可能安全的路由。另一方面是从安全协议角度，加强网络通信的可靠性验证。

（6）时间同步技术。部分传感器网络的通信协议和应用，如基于 TDMA 的 MAC 协议和敏感时间的监测任务等要求节点间的时钟必须保持同步。

4.3　移动通信网络

移动通信网络是移动体之间、移动体和固定用户之间以及固定用户和移动体之间建立信息传输通道的通信系统。移动通信网络包括无线传输、有线传输，信息收集、信息处理和信息存储等，使用的主要设备有无线收发机、移动交换控制设备和移动终端设备。移动通信网络诞生于 20 世纪 80 年代，到现在已经经历了五代的发展演进。

（1）第一代移动通信网络（1G，这里的 G 表示的是 Generation）是为语音通信设计的 FDM 系统，我国使用的第一代移动通信网络是 900Mhz 的 TACS 模拟系统，该系统是一种模拟移动通信系统，提供了全双工、自动拨号等功能，它在地域上将覆盖范围划分成小单元，每个单元复用频带的一部分以提高频带的利用率，即使用适当的频率复用规划和频分复用来提高容量，实现真正意义上的蜂窝移动通信。

（2）第二代移动通信网络（2G）采用全球移动通信系统（Global System for Mobile Communications，GSM）和码分多址数字无线技术（Code Division Multiple Access，CDMA）实现数字语音，2G 网络除了提供传统的语音通信，还提供低速数字通信即短信服务。GSM 系统主要提供语音业务和低速数据业务，其特征是保密性好、抗干扰能力强、频谱效率高容量大。CDMA 是利用展频的通信技术，有效减少了手机之间的干扰从而能够增加用户的容量，同时降低了手机的功耗，延长手机的待机时间，降低电磁波对人的辐射伤害。CDMA 系统的带宽可以扩展较大，支持传输影像。为了能够提供接入互联网的服务，2G 移动通信系统增加了通用分组无线业务（General Packer Radio Service，GPRS）和增强型数据速率 GSM 演进（Enhanced Data rate for GSM Evolution，EDGE）等技术，GPRS 是在 GSM 网络的基础上叠加一个新的网络而形成的逻辑实体，可以和 Internet 进行数据传输，被称为 2.5G 移动网络。EDGE 是在 GSM 系统中采用一种新的调制方法，最高速率可达 384kbit/s，被称为 2.75G 移动网络。

（3）第三代移动通信网络（3G）使用 IP 体系结构和混合交换机制，即电路交换和分组交换，能够提供移动宽带多媒体业务，包括语音、数据、视频等数据传输，可以实现收发电子邮件、浏览网页、视频会议等高速数据传输业务，这就使得在畜牧业远程视频诊断、远程牧场监控等应用得以实现。国际电信联盟 ITU 批准了三个 3G 标准，即美国提出的 CDMA2000、欧洲提出的 WCDMA 和中国提出的 TD-SCDMA，这三个标准在我国都实现了开通运营，中国电信运营 CDMA2000 网络，中国联通运营 WCDMA 网络，中国移动运营 TD-SCDMA 网络，多种标准的出现是不同厂商为各自利益竞争的结果，每一种标准的调制和编码都不同，相互并不兼容。3G 网络提供的上网速率比 2G 有了较大的提高。

（4）第四代移动通信网络（4G）是集 3G 和 WLAN 与一体能够传输高质量视频图像的技术产品。4G 网络能够以 100Mb/s 的速度下载，上传速度也达到了 50Mb/s，能够满足几乎所有用户对无线服务的要求。4G 网络的主要通信模式 LTE（Long Term Evolution）是一种由 3GPP 组织制定的基于 OFDMA 技术的全球通信标准。LTE 的模式有 FDD-LTE 和 TDD-LTE，其中 TDD-LTE 的频率使用率较高。国内的 TD-LTE 采用 TDD-LTE 模式，是由 TD-SCDMA 演化而来的技术方案。TD-LTE 对于互联网具有很强的亲和性，可直接接入到互联网中，改善了接入机制，大大提高了网络的通信效率。FDD-LTE 和 TDD-LTE 大同小异，与 TDD-LTE 的无线技术有所差异，频率的使用率也存在不同，在标准化和产品化方面 FDD-LTE 要优于 TD-LTE，这使得 FDD-LTE 成为很多运营商的首选。

（5）第五代移动通信技术（5G）是具有高速率、低时延和大连接特点的新一代宽带移动通信技术，是实现人机物互联的网络基础设施。国际电信联盟（ITU）定义了 5G 的三大类应用场景，即增强移动宽带（eMBB）、超高可靠低时延通信（uRLLC）和海量机器类通信（mMTC）。增强移动宽带（eMBB）主要面向移动互联网流量爆炸式增长，为移动互联网用户提供更加极致的应用体验；超高可靠低时延通信（uRLLC）主要面向工业控制、远程医疗、自动驾驶等对时延和可靠性具有极高要求的垂直行业应用需求；海量机器类通信（mMTC）主要面向智慧城市、智能家居、环境监测等以传感和数据采集为目标的应用需求。

为满足 5G 多样化的应用场景需求，5G 的关键性能指标更加多元化。ITU 定义了 5G 八大关键性能指标，其中高速率、低时延、大连接成为 5G 最突出的特征，用户体验速率达 1Gb/s，时延低至 1ms，用户连接能力达 100 万连接/平方公里。

2018 年 6 月 3GPP 发布了第一个 5G 标准（Release-15），支持 5G 独立组网，重点满足增强移动宽带业务。2020 年 6 月 Release-16 版本标准发布，重点支持低时延高可靠业务，实现对 5G 车联网、工业互联网等应用的支持。Release-17（R17）版本标准将重点实现差异化物联网应用，实现中高速大连接，计划于 2022 年 6 月发布。

4.4　ZigBee 无线网络

ZigBee 是基于 IEEE802.15.4 标准化协议的无线网络，该标准针对短距离、低数据量无线通信需求定义了一系列标准化通信协议。满足 ZigBee 协议的工作频段为 2.4GHz、915MHz 和 868MHz。ZigBee 协议的最大数据传输率为 250Kb/s。ZigBee 具有以下技术特点：

（1）可靠性。ZigBee 协议执行 IEEE802.11.5 协议，使用带应答功能数据传输方式，采用星型网络拓扑结构提供可靠的数据传输。

（2）终端节点功耗低。在硬件低功耗设计的基础上，终端节点具有定时休眠模式，可以进一步降低系统能耗。理论上两节 5 号干电池可以支撑一个节点使用 180～730 天，从而避免频繁充电和更换电池的麻烦。

（3）安全性高。ZigBee 协议支持 AES-128 加密技术，可以保障数据传输具有较高的安全性。

（4）自动组网。ZigBee 网络的网络容量很大，理论上最多支持 65000 个节点且任意节点之间可以进行通信。网络具有星形、树形和网状结构，节点加入或退出时可以自行修复网络。

（5）工作频段灵活。ZigBee 网络可以在 868MHz、915MHz 和 2.4GHz 这三个无须申请的 ISM 频段工作，对应的数据传输速率为 20～250Kb/s 可以满足低速率数据传输的应用要求。

4.5　智慧畜牧生产数据传输

在养殖过程中，畜禽对养殖场区（如鸡舍、牛棚、猪圈等）的环境特别敏感，不适宜的环境会导致禽畜患病。单靠人工的方式很难及时有效感知环境信息，养殖业信息化水平低会降低动物福利、提高动物患病率。针对以上问题，利用网络技术手段构建面向智慧养殖的物联网云平台，可以实现养殖环境多源异构数据的全面感知。下面以养殖猪为例，介绍智慧畜牧业生产中的数据传输问题。

面向智慧养殖的物联网云平台主要由 Web 端、基础业务模块、算法业务模块以及硬件四部分构成。通过传感器和摄像头对养殖场内的状况进行环境数据、影像数据的采集，分别对两种数据进行解析、处理和分析，在 Web 端进行环境超标、病猪监测的告警推送，并通过 Web 端实现环境控制。

根据物联网层级结构，该系统物联网架构如图 4-12 所示。

（1）感知层。物联网感知层是实现物联网全面感知的核心部分。感知层采用温湿度传感器、氨气传感器、二氧化碳传感器、光照传感器、硫化氢传感器、摄像头等感知设备对环境参数、影像数据进行采集。养殖场内安装温湿度传感器，保证了猪只生长环境的舒适性；安装二氧化碳传感器、氨气传感器、H_2S 传感器（硫化氢）监测禽畜舍内环境，为禽畜营造良好的呼吸环境；安装光照传感器监测舍内光照时长、强弱；安装摄像头监测禽畜自身安全情况，对病猪进行识别。

图 4-12　系统物联网架构

（2）网络层。传感器与 DTU（Data Transfer Unit）相连接，传感器采集的串口数据经 DTU 打包处理后转换成 IP 数据，通过 4G 信号发送到互联网与平台相连接，从而对数据信息进行传输。DTU 可以通过互联网向平台传送环境信息，平台也可以对 DTU 传送控制继电器以及请求传感器数据的信息。平台用到的网络摄像头通过无线 Wi-Fi 技术将视频数据压缩加密后，通过无线网络传输到互联网中。平台根据摄像头设备 IP 等信息获得 RTSP 流，就可以从互联网中获得该摄像头的视频数据。

（3）应用层。平台的应用层经系统软件开发，实现前后端分离，充分保证云服务平台的可扩展性、松耦合特性。平台部署在云服务器上，提供传感器数据采集、解析、告警推送的功能；多种设备信息的录入、删除、信息更改和查询的功能；环境远程控制功能；实时数据、历史数据、数据走势等可视化展示功能；视频数据间隔采样、图像识别、病猪消息推送功能等，如图 4-13 所示。

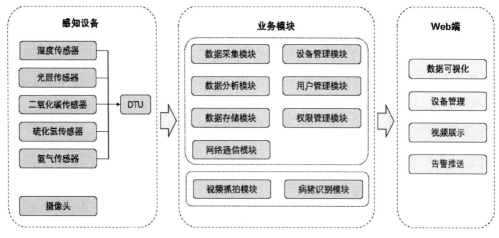

图 4-13　系统架构设计

课后练习

一、选择题

1. 以下不属于无线介质的是（　　）。
   A. 激光　　　　　B. 电磁波　　　　C. 光纤　　　　　D. 微波
2. TCP 协议工作在（　　）层。
   A. 物理层　　　　B. 链路层　　　　C. 传输层　　　　D. 应用层
3. 以下（　　）不是 ZigBee 的特点。
   A. 可靠性高　　　　　　　　　B. 终端节点功耗高
   C. 安全性高　　　　　　　　　D. 自动组网且工作频段灵活
4. www.chinafarming.com 表示一个网站的（　　）。
   A. 域名　　　　　B. IP 地址　　　　C. 通信地址　　　D. 网络协议
5. www.pku.edu.cn 表示网站属于（　　）。
   A. 美国的教育机构　　　　　　B. 中国的商业网站
   C. 美国的商业网站　　　　　　D. 中国的教育机构
6. 下列 IP 地址中错误的是（　　）。
   A. 192.168.0.100　　　　　　B. 10.2.125.55
   C. 160.16.99.168　　　　　　D. 113.257.21.78

二、填空题

1. 计算机网络（简称为网络）由若干_____和连接这些结点的_____组成。
2. 常用的传输介质为_____和_____两大类。
3. 构成传感器节点的单元分别为_____、_____、_____以及_____。
4. ZigBee 协议的最大数据传输率为_____。
5. 无线传感器网络通信与组网技术包括_____技术、_____技术和_____技术。

三、简答题

1. 简述互联网的发展经历的三个阶段。
2. 简述移动通信网络发展经历。
3. 简述 ZigBee 技术的特点。

第5章　数据库技术

数据库技术是管理信息系统的一个重要支撑，是智慧畜牧业的数据引擎，为畜牧企业的自动化生产、智能化管理提供强有力的数据保障。没有数据库技术，就没有目前畜牧业领域生产、销售、物资、财务、人事、产品溯源等各环节的现代化管理信息系统应用。本章主要介绍了数据库技术的基本概念、数据模型和关系数据库，并以羊群营养配方管理系统为例，结合关系数据库的具体应用介绍了数据库设计步骤以及各阶段需要完成的基本任务，最后概括介绍了畜牧业大数据的基本应用情况。

学习目标

● 了解数据库的基本概念。

● 掌握抽象构建概念模型的方法。

● 理解关系数据模型的数据结构、完整性和关系运算的实现原理。

● 理解数据库设计的步骤和各阶段的任务。

● 掌握从概念模型转换到关系模型的方法。

● 掌握关系模型的优化方法。

● 了解畜牧业大数据的应用状况。

5.1　数据库技术的基本概念

在学习数据库技术之前，先了解一些基本概念，主要包括数据库、数据库管理系统和数据库系统等。

（1）数据库。数据库（Database，DB）是经过累积的、长期存储在计算机设备内的、有组织结构的、可共享的、统一管理的数据集合。通俗地讲，数据库是计算机用来组织、存储和管理数据的"仓库"。可以从两个方面来理解数据库：第一，数据库是一个实体，它是能够合理保管数据的"仓库"；第二，数据库是对数据进行管理的一种方法和技术，它能更有效地组织数据、更方便地维护数据、更好地利用数据。

（2）数据库管理系统。数据库管理系统（Database Management System，DBMS）是一种操纵和管理数据库的系统软件，是数据库系统的核心，位于用户与操作系统之间。DBMS 为用户或应用程序提供访问数据库的方法，包括数据库的建立、查询、更新以及各种数据控制。它的主要功能有数据定义、数据操纵、数据控制等。

目前，常见的关系型数据库管理系统主要有甲骨文公司的 Oracle 和 MySQL，微软公司的 SQL Server 和 Access，IBM 公司的 DB2 等。

（3）数据库系统。数据库系统（Database System，DBS）是指计算机系统引入数据库后的系统组成，它不仅包括数据库本身，还包括相应的硬件、软件和各类人员，一般由数据库、数据库管理系统（及其开发工具）、应用系统、数据库管理员和用户构成。

5.2　数据模型及分类

模型是现实世界特征的模拟和抽象，如一张地图、一组建筑设计沙盘、一架航模飞机等。数据模型（Data Model）也是一种模型，它是现实世界数据特征的抽象。数据模型的种类很多，根据模型应用的不同目的，可以将这些模型划分为两类。

第一类模型是概念数据模型，简称概念模型。它是按用户的观点来对数据和信息建模，主要用于数据库设计。它独立于计算机系统，完全不涉及信息在计算机系统中的表示，只是用来描述某个特定组织所关心的信息结构。

第二类模型是逻辑数据模型，它是按计算机系统的观点对数据建模，主要用于 DBMS 的实现。这类模型有严格的形式化定义，以便在计算机系统中实现。目前，常见的逻辑数据模型有层次模型、网状模型、关系模型、面向对象数据模型、对象关系数据模型、半结构化数据模型等。

逻辑数据模型通常由数据结构、数据完整性约束和数据操作三部分组成。

（1）数据结构主要描述数据的类型、内容、性质以及数据间的联系等。

（2）数据完整性约束给出数据及其联系所具有的制约和依赖规则。这些规则用于限定数据库的状态和状态的变化，以保证数据库中数据的正确、有效和安全。

（3）数据操作主要指对数据库的检索、更新、删除、修改等操作。

为了把现实世界中的具体事物抽象、组织为某一 DBMS 支持的逻辑数据模型，人们常常首先将现实世界抽象为信息世界，然后将信息世界转换为机器世界。也就是说，首先把现实世界中的客观对象抽象为某一种信息结构，这种信息结构并不依赖于具体的计算机系统，不是某一个 DBMS 支持的数据模型，而是概念级的模型；然后再把概念模型转换为计算机上某一 DBMS 支持的逻辑数据模型，这一过程如图 5-1 所示。

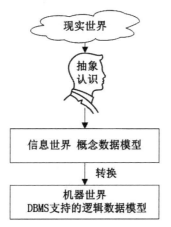

图 5-1　现实世界中客观对象的抽象过程

5.2.1 概念数据模型

由图 5-1 可以看出，概念模型实际上是现实世界到机器世界的一个中间层次。概念模型用于信息世界的建模，是现实世界到信息世界的第一层抽象，是数据库设计人员进行数据库设计的有力工具，也是数据库设计人员和用户之间进行交流的语言，因此概念模型一方面应该具有较强的语义表达能力，能够方便、直接地表达应用中的各种语义知识，另一方面它还应该简单、清晰、易于用户理解。

（1）信息世界中的基本概念包括以下要素：

● 实体。客观存在并可相互区别的事物称为实体。实体可以是具体的人、事、物，也可以是抽象的概念或联系，如一个牧场、一群羊、羊群的配方方案、配方方案与饲料原料的关系等。

● 属性。实体用于描述其性质的特征称之为实体的属性。如羊群具有羊群编号、种类、性别、数量、当前全体重、成年体重等属性。

● 码。能够唯一标识每个实体的属性或属性组，称为实体的码，也可称为键。如果实体有多个码存在，则可从中选一个最常用的，简称主码或主键。如羊群编号是羊群实体的主码。

● 域。属性的取值范围称为该属性的域。如羊群性别的域为公、母、混合。

● 实体型。具有相同属性的实体必然具有共同的特征和性质。用实体名及其属性名集合来抽象和刻画同类实体，称为实体型。

● 实体集。同型实体的集合称为实体集。如全体羊群就是一个实体集。

● 联系。在现实世界中，事物内部以及事物之间是有联系的，这些联系在信息世界中反映为实体（型）内部的联系和实体（型）之间的联系。实体内部的联系通常是指组成实体的各属性之间的联系，实体之间的联系通常是指不同实体集之间的联系。

（2）实体集之间的联系有以下三类不同语义的情况：

● 一对一联系（1:1）。若对于实体集 A 的每一个实体，实体集 B 中至多有一个实体与之联系，反之亦然，则称实体集 A 和实体集 B 具有 1:1 联系。例如，牧场实体集与牧场负责人实体集就存在 1:1 的联系。因为一个牧场只有一名负责人，而一名负责人也只能在一个牧场任职。

● 一对多联系（1:n）。若对于实体集 A 中的每一个实体，实体集 B 中有 n 个实体（$n \geq 0$）与之联系，而对于实体集 B 中的每一个实体，实体集 A 中至多只有一个实体与之联系，则称实体集 A 与实体集 B 存在 1:n 的联系。例如，牧场实体集与羊群实体集就存在 1:n 的联系，因为按管理规定一个牧场包含多个羊群，而一个羊群只属于一个牧场。

● 多对多联系（m:n）。若对于实体集 A 中的每一个实体，实体集 B 中有 n 个实体（$n \geq 0$）与之联系，反之亦然，则称该两个实体集 A、B 之间存在 m:n 联系。例如，一个营养配方方案可以选择多种饲料原料，而一种饲料原料也可以被多个营养配方方案选用，则配方方案与饲料原料两个实体集之间就存在 m:n 联系。

（3）概念模型的表示方法。概念模型是对信息世界建模，所以概念模型应该能够方便、准确地表示上述信息世界中的常用概念。概念模型最著名、最常用的表示方法是 P.P.S.Chen 提出的实体－联系方法。该方法用 E-R 图来描述现实世界的概念模型，E-R 方法也称为 E-R 模型。

E-R 图提供了表示实体型、属性和联系的方法。

- 实体型：用矩形表示，矩形框内写明实体名。
- 属性：用椭圆形表示，并用无向边将其与相应的实体连接起来。
- 联系：用菱形表示，菱形框内写明联系名，并用无向边分别与有关实体连接起来，同时在无向边旁标上联系的类型（1:1，1:n 或 m:n）。

需要注意的是，如果一个联系具有属性，则这些属性也要用无向边与该联系连接起来。

例如，为某养羊企业羊群营养配方管理设计一个 E-R 模型，如图 5-2 所示。

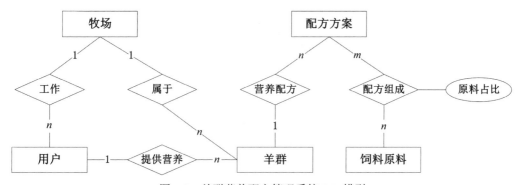

图 5-2 羊群营养配方管理系统 E-R 模型

由于上图中各实体的属性过多，为了使该模型看上去简单明了，实体的属性在此省略。

5.2.2 逻辑数据模型

目前，数据库领域中常见的逻辑数据模型有层次模型、网状模型、关系模型、面向对象数据模型、对象关系数据模型、半结构化数据模型等。其中，关系模型是最重要的一种。

（1）层次模型。层次模型是数据库系统中最早出现的数据模型，它用树形结构表示各类实体以及实体间的联系，其中用结点表示各类实体，用结点间的连线表示实体间的联系。

在数据库中，对满足以下两个条件的数据模型称为层次模型。一是有且仅有一个结点无双亲，这个结点称为"根结点"。二是其他结点有且仅有一个双亲。

若用图来表示，层次模型是一棵倒立的树。结点层次从根开始定义，根结点为第一层，根的孩子结点称为第二层。根被称为其孩子的双亲，同一双亲的孩子称为兄弟。图 5-3 所示为一个简单的层次模型示意。

层次模型对具有一对多的层次关系的描述非常自然、直观、容易理解，这是层次数据库的突出优点。然而，自然界中的实体联系更多的是非层次关系，用层次模型表示非树形结构是很不直接的，网状模型则可以克服这一弊病。

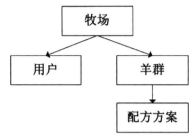

图 5-3　层次模型示意

（2）网状模型。在数据库中，对满足以下两个条件的数据模型称为网状模型。一是允许一个以上的结点无双亲，二是一个结点可以有多于一个的双亲。

若用图表示，网状模型是一个网络。实际上，层次模型也可以看作是网状模型的特例。图 5-4 给出了一个简单网状模型。

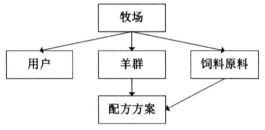

图 5-4　网状模型示意

（3）关系模型。20 世纪 80 年代以来，计算机厂商新推出的数据库管理系统几乎都支持关系数据模型，非关系系统的产品也大都加上了关系接口。数据库领域当前的研究工作也都是以关系方法为基础。关系模型是发展较晚的一种数据模型，关系模型中数据的逻辑结构是一张规范的二维表，如图 5-5 所示。

牧场关系

牧场编号	牧场名称	牧场类型	饲养方式	地址	上月日平均环境温度	当月日平均环境温度	风速
GSMC001	***公司第一养殖场	温带草原牧场	放养	***市***县	10.3	11.4	4.5
GSMC002	***公司第二养殖场	温带草原牧场	放养	***市***县	10.3	11.4	4.5
GSMC003	***公司第三养殖场	温带草原牧场	圈养	***市***县	10.3	11.4	4.5
GSMC004	***公司第四养殖场	绿洲牧场	圈养	***市***县	10.8	11.9	4.3
GSMC005	***公司第五养殖场	绿洲牧场	半圈养半放养	***市***县	10.8	11.9	4.3

图 5-5　关系模型的数据结构

关系模型建立在严格的数学概念基础上，其概念单一，无论实体还是实体之间的联系都用关系即二维表来表示，对数据进行检索的结果也是关系。关系模型具有结构简单清晰、用户易懂易用等优点，因此，关系模型是当今主要的数据模型。具有关系模型的数据库称为关系数据库。相比其他数据库而言，关系数据库具有更高的数据独立性，更好的安全保密性，也简化了程序员编程和数据库开发工作。

5.3　关系数据库

关系数据库系统是支持关系模型的数据库系统。关系模型由关系数据结构、关系完整性约束和关系代数三部分组成。

5.3.1　关系数据结构

关系模型的数据结构非常单一。在关系模型中，现实世界的实体以及实体间的各种联系均用关系来表示。在用户看来，关系模型中数据的逻辑结构是一张二维表。

（1）关系模型的基本概念，包含以下元素：

- 关系：一个关系对应于一张二维表。
- 元组：表中的一行即为一个元组。
- 属性：表中的一列即为一个属性，给每一个属性起的名称即属性名。
- 主码：表中的某个属性组，它可以唯一确定一个元组。如图 5-5 中的牧场编号可以唯一确定某一牧场，也就成为该关系的主码，即主键。
- 域：属性的取值范围。
- 分量：元组中的一个属性值。
- 关系模式：对关系的描述，一般表示为：

$$关系名(属性1,属性2,...,属性n)$$

（2）关系数据结构的形式化定义。在数据库中要区分型和值。关系数据库中的关系模式是型，关系是值。关系模式是对关系的描述。

1）关系。

定义 5.1　$D_1 \times D_2 \times \cdots \times D_n$ 的子集叫作域 D_1，D_2，$\cdots$，D_n 上的关系，表示为

$$R(D_1, D_2, \cdots, D_n)$$

其中，R 表示关系的名字，n 是关系的目或度（Degree），$D_1 \times D_2 \times \cdots \times D_n$ 是一组域 D_1，D_2，$\cdots$，D_n 的笛卡尔积。

关系是笛卡尔积的有限子集，因笛卡尔积可表示为一个二维表，所以关系也是一个二维表，表的每行对应一个元组，表的每列对应一个域。由于域可以相同，为了加以区分，必须对每列起一个名字，称为属性。n 目关系必有 n 个属性。

若关系中的某一属性组的值能唯一地标识一个元组，则称该属性组为候选码。若一个关系有多个候选码，则选定其中一个为主码。主码的诸属性称为主属性。

基本的关系具有以下性质：

- 列是同质的，即每一列中的分量是同一类型的数据，来自同一个域。
- 不同的列可出自同一个域，称其中的每一列为一个属性，不同的属性要给予不同的属性名。
- 列的顺序无关紧要，即列的次序可以任意交换。

- 任意两个元组不能完全相同。
- 行的顺序无关紧要，即行的次序可以任意交换。
- 分量必须取原子值，即每一个分量都必须是不可分的数据项。

2）关系模式。

定义 5.2　关系的描述称为关系模式。它可以形式化地表示为：

$$R(U,D,\mathrm{dom},F)$$

其中，R 为关系名，U 为组成该关系的属性名集合，D 为属性组 U 中属性所来自的域，dom 为属性向域的映象集合，F 为属性间数据的依赖关系集合。

关系模式通常可以简记为：

$$R（U）\text{ 或 } R（A_1, A_2, \cdots, A_n）$$

其中，R 为关系名，U 为组成该关系的属性名集合，A_1，A_2，$\cdots$，A_n 为属性名。而域名及属性向域的映象常常直接说明为属性的类型、长度。如牧场关系模式可以简单表示为：

牧场（牧场编号，牧场名称，牧场类型，饲养方式，地址，上月日平均环境温度，当月日平均环境温度，降雨量，风速）。

关系是关系模式在某一时刻的状态或内容。关系模式是静态的、稳定的，而关系是动态的、随时间不断变化的，因为关系操作在不断地更新着数据库的数据。通常情况下，人们把关系模式和关系都视为关系。

5.3.2　关系完整性约束

为了维护数据库中数据与现实世界的一致性，对关系数据库的插入、删除和修改操作必须满足一定的约束条件，这就是关系模型的三类完整性，即实体完整性、参照完整性和用户自定义完整性。其中实体完整性与参照完整性是关系模型必须满足的约束条件，它是由关系数据库系统自动支持的。

（1）实体完整性。

规则 5.1　实体完整性规则：若属性 A 是基本关系 R 的主属性，则属性 A 不能取空值。

实体完整性规则规定基本关系的所有主属性都不能取空值，而不仅是主码整体不能取空值。如配方组成关系"配方组成（方案编号，原料编号，原料占比）"中，"方案编号，原料编号"两个属性的组合为主码，则"方案编号"和"原料编号"两个属性都不能取空值。

对于实体完整性规则说明如下：

- 实体完整性规则是针对基本关系而言的。一个基本表通常对应现实世界的一个实体集。如牧场关系对应于所有牧场的集合。
- 现实世界中的实体是可区分的，即它们具有某种唯一性标识。
- 关系模型中以主码作为唯一性标识。
- 主码中的属性即主属性不能取空值，所谓空值就是"不知道"或"无意义"的值。如果主属性取空值，就说明存在某个不可标识的实体，即存在不可区分的实体。

（2）参照完整性。现实世界中的实体之间往往存在某种联系，在关系模型中实体及实体间的联系都是用关系来描述的，这样就自然存在着关系与关系间的引用。

例 5-1　羊群实体和牧场实体可以用下面的关系表示，其中主码用下划线标识。

羊群（<u>羊群编号</u>，种类，目的类别，性别，数量，当前全体重，成年体重，当前月龄，年产净毛量，期望饲养期，期望日增重，平地行走距离，坡地行走距离，羊毛高度，牧场编号，用户账号）。

牧场（<u>牧场编号</u>，牧场名称，牧场类型，饲养方式，地址，上月日平均环境温度，当月日平均环境温度，降雨量，风速）。

这两个关系之间存在着属性的引用，即羊群关系引用了牧场关系的主码"牧场编号"。显然，羊群关系中的"牧场编号"值必须是确实存在的牧场的"牧场编号"。这也就是说，羊群关系中的某个属性的取值需要参照牧场关系的属性取值。由此引出参照的引用规则，要说明此规则，先要认识外码，即外键。

定义 5.3　设 F 是基本关系 R 的一个或一组属性，但不是关系 R 的码。如果 F 与基本关系 S 的主码 K_S 相对应，则称 F 是基本关系 R 的外码，并称基本关系 R 为参照关系，基本关系 S 为被参照关系或目标关系。关系 R 和 S 不一定是不同的关系。

显然，目标关系 S 的主码 K_S 和参照关系 R 的外码 F 必须定义在同一个（或一组）域上。

在例 5-1 中，羊群关系的"牧场编号"属性与牧场关系的主码"牧场编号"相对应，因此"牧场编号"属性是羊群关系的外码。这里牧场关系是被参照关系，羊群关系为参照关系。

规则 5.2　参照完整性规则：若属性（或属性组）F 是基本关系 R 的外码，它与基本关系 S 的主码 K_S 相对应（基本关系 R 和 S 不一定是不同的关系），则对于 R 中每个元组在 F 上的值要么取空值（F 的每个属性值均为空值），要么等于 S 中某个元组的主码值。

例如，对于例 5-1，羊群关系中每个元组的"牧场编号"属性只能取空值或牧场关系中"牧场编号"中的值。其中，空值表示尚未给该羊群分配牧场；非空值时，该值必须是牧场关系中某个元组的"牧场编号"值，表示该羊群不可能分配到一个不存在的牧场中。

（3）用户定义的完整性。实体完整性和参照完整性适用于任何关系数据库系统，它们主要是针对关系的主码和外码取值有效而作出的约束。除此之外，不同的关系数据库系统根据其应用环境不同，往往还需要一些特殊的约束条件，即用户定义的完整性。用户定义的完整性是针对某一具体关系数据库的约束条件，反映某一具体应用所涉及的数据必须满足语义要求，主要包括字段有效性约束和记录有效性等约束条件。例如，在羊群营养配方管理系统中，规定羊群性别的取值为公、母或混合。

5.3.3　关系代数

在关系中查询所需要的数据，就要使用关系运算，关系运算的操作对象是关系，而不是行或元组。也就是说，参与运算的对象及运算的结果都是完整的关系。基本的关系运算有传统的集合运算和专门的关系运算两类。

（1）传统的集合运算。传统的集合运算是二目运算，包括并、差、交和广义笛卡尔积 4 种运算。

设关系 R 和关系 S 具有相同的目 n（即两个关系都有 n 个属性），且相应的属性取自同一个域，则可以定义并、差、交运算如下：

1）并。关系 R 与关系 S 的并记作：

$$R \cup S = \{ t \mid t \in R \lor t \in S \}$$

其结果仍为 n 目关系，由属于 R 或属于 S 的元组组成。

2）差。关系 R 与关系 S 的差记作：

$$R\text{-}S = \{ t \mid t \in R \land t \notin S \}$$

其结果关系仍为 n 目关系，由属于 R 而不属于 S 的所有元组组成。

3）交。关系 R 与关系 S 的交记作：

$$R \cap S = \{ t \mid t \in R \land t \in S \}$$

其结果关系仍为 n 目关系，由既属于 R 又属于 S 的元组组成。关系的交可以用差来表示，即 $R \cap S = R\text{-}(R\text{-}S)$。

4）广义笛卡尔积。两个分别为 n 目和 m 目的关系 R 和 S 的广义笛卡尔积是一个 $(n+m)$ 列的元组的集合。元组的前 n 列是关系 R 的一个元组，后 m 列是关系 S 的一个元组。若 R 有 k_1 个元组，S 有 k_2 个元组，则关系 R 和关系 S 的广义笛卡尔积有 $k_1 \times k_2$ 个元组。记作：

$$R \times S = \{ \widehat{t_r t_s} \mid t_r \in R \land t_s \in S \}$$

图 5-6（a）和（b）分别为关系"温带草原牧场（R）"和"圈养牧场（S）"。图 5-6（c）为关系 R 与 S 的并，图 5-6（d）为关系 R 与 S 的交，图 5-6（e）为关系 R 和 S 的差，图 5-6（f）为关系 R 和 S 的广义笛卡尔积。

温带草原牧场（R）

牧场编号	牧场名称	牧场类型	饲养方式	……
GSMC001	***公司第一养殖场	温带草原牧场	放养	……
GSMC002	***公司第二养殖场	温带草原牧场	放养	……
GSMC003	***公司第三养殖场	温带草原牧场	圈养	……

（a）温带草原牧场（R）

圈养牧场（S）

牧场编号	牧场名称	牧场类型	饲养方式	……
GSMC003	***公司第三养殖场	温带草原牧场	圈养	……
GSMC004	***公司第四养殖场	绿洲牧场	圈养	……

（b）圈养牧场（S）

$R \cup S$

牧场编号	牧场名称	牧场类型	饲养方式	……
GSMC001	***公司第一养殖场	温带草原牧场	放养	……
GSMC002	***公司第二养殖场	温带草原牧场	放养	……
GSMC003	***公司第三养殖场	温带草原牧场	圈养	……
GSMC004	***公司第四养殖场	绿洲牧场	圈养	……

（c）关系 R 与 S 的并

$R \cap S$

牧场编号	牧场名称	牧场类型	饲养方式	……
GSMC003	***公司第三养殖场	温带草原牧场	圈养	……

（d）关系 R 与 S 的交

$R\text{-}S$

牧场编号	牧场名称	牧场类型	饲养方式	……
GSMC001	***公司第一养殖场	温带草原牧场	放养	……
GSMC002	***公司第二养殖场	温带草原牧场	放养	……

（e）关系 R 与 S 的差

$R \times S$

牧场编号	牧场名称	牧场类型	饲养方式	牧场编号	牧场名称	牧场类型	饲养方式	……
GSMC001	***公司第一养殖场	温带草原牧场	放养	GSMC003	***公司第三养殖场	温带草原牧场	圈养	……
GSMC001	***公司第一养殖场	温带草原牧场	放养	GSMC004	***公司第四养殖场	绿洲牧场	圈养	……
GSMC002	***公司第二养殖场	温带草原牧场	放养	GSMC003	***公司第三养殖场	温带草原牧场	圈养	……
GSMC002	***公司第二养殖场	温带草原牧场	放养	GSMC004	***公司第四养殖场	绿洲牧场	圈养	……
GSMC003	***公司第三养殖场	温带草原牧场	圈养	GSMC003	***公司第三养殖场	温带草原牧场	圈养	……
GSMC003	***公司第三养殖场	温带草原牧场	圈养	GSMC004	***公司第四养殖场	绿洲牧场	圈养	……

（f）关系 R 和 S 的广义笛卡尔积

图 5-6 传统集合运算示例

（2）专门的关系运算。专门的关系运算有选择、投影和连接等。选择和投影运算是对一个表的操作运算，连接运算是将两个表连接成一个新表的运算。

1）选择。选择又称为限制。它是在关系 R 中选择满足给定条件的诸元组，记作：

$$\sigma_F(R)=\{t|t\in R\wedge F(t)=True\}$$

其中，F 表示选择条件，它是一个逻辑表达式，取逻辑值 True 或 False。

逻辑表达式 F 由逻辑运算符 $\wedge$，$\vee$，$\neg$ 连接各算术表达式组成。算术表达式的基本形式为：

$$X\theta Y$$

其中，θ 表示比较运算符，它可以是 $>$，$\geqslant$，$<$，$\leqslant$，$=$ 或 $\neq$；X，Y 是属性名，或为常量，或为简单函数。

设羊群营养配方管理系统中，有牧场关系和羊群关系，如图 5-7 所示。

牧场关系

牧场编号	牧场名称	牧场类型	饲养方式	地址	上月日平均环境温度	当月日平均环境温度	风速
GSMC001	***公司第一养殖场	温带草原牧场	放养	***市***县	10.3	11.4	4.5
GSMC002	***公司第二养殖场	温带草原牧场	放养	***市***县	10.3	11.4	4.5
GSMC003	***公司第三养殖场	温带草原牧场	圈养	***市***县	10.3	11.4	4.5
GSMC004	***公司第四养殖场	绿洲牧场	圈养	***市***县	10.8	11.9	4.3
GSMC005	***公司第五养殖场	绿洲牧场	半圈养半放养	***市***县	10.8	11.9	4.3

羊群关系

羊群编号	种类	目的类别	性别	数量	……	牧场编号
GSMC0022020031201	杜泊羊	商品肉羊	混合	1000	……	GSMC002
GSMC0022020031202	杜泊羊	育种	公	100	……	GSMC002
GSMC0022020031203	杜泊羊	育种	母	200	……	GSMC002
GSMC0012020031501	苏尼特羊	商品肉羊	混合	1500	……	GSMC001
GSMC0032020031501	苏尼特羊	商品肉羊	混合	1200	……	GSMC003
GSMC0042020040201	杜蒙羊	商品肉羊	混合	1400	……	GSMC004

图 5-7　羊群营养配方管理系统中的牧场关系和羊群关系

例 5-2　查询所有采用放养方式的温带草原牧场的信息。

$$\sigma_{\text{牧场类型='温带草原牧场' AND 饲养方式='放养'}}(\text{牧场})$$

结果如图 5-8 所示。

牧场编号	牧场名称	牧场类型	饲养方式	地址	上月日平均环境温度	当月日平均环境温度	风速
GSMC001	***公司第一养殖场	温带草原牧场	放养	***市***县	10.3	11.4	4.5
GSMC002	***公司第二养殖场	温带草原牧场	放养	***市***县	10.3	11.4	4.5

图 5-8　选择运算举例

2）投影。关系 R 上的投影是从 R 中选择出若干属性列组成新的关系。记作：

$$\pi_A(R)=\{t[A]|t\in R\}$$

其中，A 为 R 中的属性列，$t[A]$ 表示元组 t 在属性列 A 上诸分量的集合。

例 5-3　查询所有牧场的牧场编号、牧场名称、牧场类型、饲养方式及其地址信息。

$$\pi_{\text{牧场编号, 牧场名称, 牧场类型, 饲料方式, 地址}}(\text{牧场})$$

结果如图 5-9 所示。

牧场编号	牧场名称	牧场类型	饲养方式	地址
GSMC001	***公司第一养殖场	温带草原牧场	放养	***市***县
GSMC002	***公司第二养殖场	温带草原牧场	放养	***市***县
GSMC003	***公司第三养殖场	温带草原牧场	圈养	***市***县
GSMC004	***公司第四养殖场	绿洲牧场	圈养	***市***县
GSMC005	***公司第五养殖场	绿洲牧场	半圈养半放养	***市***县

图 5-9　投影运算举例

3）连接。连接也称为 θ 连接。它是从两个关系的笛卡尔积中选取属性间满足一定条件的元组。记作：

$$R \underset{A\theta B}{\bowtie} S = \{\widehat{t_r t_s} \mid t_r \in R \land t_s \in S \land t_r[A]\theta t_s[B]\}$$

其中，A 和 B 分别为 R 和 S 上度数相等且可比的属性组，θ 是比较运算符。连接运算从 R 和 S 的广义笛卡尔积 $R\times S$ 中，选取（R 关系）在 A 属性组上的值与（S 关系）在 B 属性组上值满足比较关系 θ 的元组。

连接运算中有两种最为重要和常用的运算，一种是等值连接，另一种是自然连接。

θ 为 "=" 的连接运算称为等值连接，即等值连接为：

$$R \underset{A=B}{\bowtie} S = \{\widehat{t_r t_s} \mid t_r \in R \land t_s \in S \land t_r[A] = t_s[B]\}$$

自然连接是一种特殊的等值连接，它要求两个关系中进行比较的分量必须是相同的属性组，并且在结果中把重复的属性列去掉。即若 R 和 S 具有相同的属性组 A，则自然连接可记作：

$$R \bowtie S = \{\widehat{t_r t_s} \mid t_r \in R \land t_s \in S \land t_r[A] = t_s[B]\}$$

一般的连接操作是从行的角度进行运算，但自然连接还需要取消重复列，所以自然连接是同时从行和列的角度进行运算。

例 5-4　查询饲养品种为"苏尼特羊"的羊群编号，种类，目的类别，数量，牧场名称及地址等信息。

$$\pi_{\text{羊群编号，种类，目的类别，数量，牧场名称，地址}}(\sigma_{\text{种类='苏尼特羊'}}(\text{羊群} \bowtie \text{牧场}))$$

该例是连接、选择和投影运算的综合应用，先进行自然连接，再对连接结果进行选择，最后对选择结果进行投影运算，结果如图 5-10 所示。

羊群编号	种类	目的类别	数量	牧场名称	地址
GSMC0012020031501	苏尼特羊	商品肉羊	1500	***公司第一养殖场	***市***县
GSMC0032020031501	苏尼特羊	商品肉羊	1200	***公司第三养殖场	***市***县

图 5-10　连接运算举例

5.4　数据库设计

数据库设计是信息系统开发和建设中的核心技术，具体来说，数据库设计是指对于一个给定的应用环境，构造最优的数据库模式，建立数据库及其应用系统，使之能够有效地存储数据，满足用户的应用需求。设计数据库的目的在于确定一个合适的数据模型，该模型应当满足以下三个要求。

（1）符合用户的需求，既包含用户所需要处理的所有数据，又支持用户提出的所有处理功能的实现。

（2）能被现有的某个数据库管理系统（DBMS）所接受。

（3）具有较高的质量，如易于理解、便于维护、结构合理、使用方便和高效等。

数据库设计可以分为需求分析、概念结构设计、逻辑结构设计、物理结构设计、数据库实施、数据库运行与维护六个阶段，如图 5-11 所示。

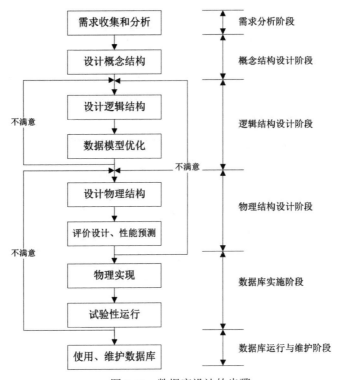

图 5-11　数据库设计的步骤

5.4.1　需求分析

需求分析结果的准确性将直接影响到后期各个阶段的设计。需求分析是整个数据库设计过程的起点和基础，也是最困难、最耗费时间的阶段。

（1）需求分析的任务。需求分析的任务是对现实世界要处理的对象（组织、部门、企业等）进行详细调查和分析；收集支持系统目标的基础数据和处理方法；明确用户对数据库的具体要求，在此基础上确定数据库系统的功能。

（2）常用需求调查方法。在调查过程中，根据不同的问题和条件，可采用不同的调查方法，常用的调查方法有以下几种：

- 跟班作业。指数据库设计人员亲自参与业务工作，深入了解业务活动情况，从而可以比较准确地理解用户的需求。
- 开调查会。通过用户座谈的方式了解业务活动情况及用户需求。
- 请专人介绍。可请业务熟练的专家或用户介绍业务专业知识和业务活动情况。
- 询问。对于某些调查中的问题，可以找专人询问。
- 问卷调查。通过问卷调查形式进行有针对性的调查，如果调查表设计的合理，则有效，且易于用户接受。
- 查阅记录。查阅与原系统相关的数据记录，包括账本、档案或文献等。

（3）编写需求分析说明书。需求分析说明书是在进行需求分析活动后建立的文档资料，通常又称为需求规格说明书，它是对开发项目需求分析的全面描述，是对需求分析阶段的总结。

羊群营养配方管理
系统概念模型设计

5.4.2 概念结构设计

将需求分析得到的用户需求抽象为信息结构即概念模型的过程就是概念结构设计，它是整个数据库设计的关键环节。

（1）概念结构。在需求分析阶段所得到的应用需求应该首先抽象为信息世界的结构，才能更好、更准确地用某一 DBMS 实现这些需求。概念结构的主要特点有以下几个：

- 能真实、充分地反映现实世界，包括事物和事物之间的联系，能满足用户对数据的处理要求。
- 易于理解，从而可以用它和不熟悉计算机的用户交换意见。
- 易于更改，当应用环境和应用要求改变时，对概念模型修改和扩充更易于实现。
- 易于向关系、网状、层次等各种数据模型转换。

概念结构是各种数据模型的共同基础，它比逻辑数据模型更独立于机器、更抽象，从而更加稳定。描述概念模型的常用工具是 E-R 图。

（2）概念结构设计的方法。设计概念结构通常有自顶向下、自底向上、逐步扩张、混合策略四类方法。

- 自顶向下。首先定义全局概念结构的框架，然后再逐步细化。
- 自底向上。首先定义各局部应用的概念结构，然后将它们集成起来，得到全局概念结构。
- 逐步扩张。首先定义最重要的核心概念结构，然后向外扩充，以滚雪球的方式逐步生成其他概念结构，直至总体概念结构。
- 混合策略。将自顶向下和自底向上相结合，用自顶向下策略设计一个全局概念结构的框架，以它为骨架集成由自底向上策略中设计的各局部概念结构。

其中，最经常采用的策略是自底向上方法。即自顶向下地进行需求分析，然后再自底向上地设计概念结构，如图 5-12 所示。

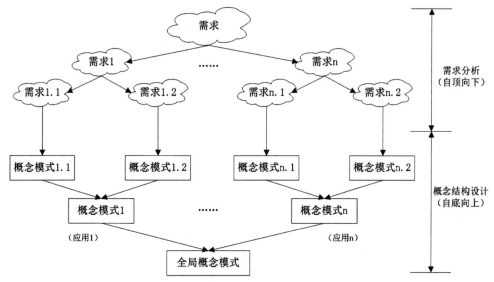

图 5-12 自顶向下分析需求与自底向上设计概念结构

（3）自底向上方法的步骤。首先设计局部概念模型，然后将局部概念模型合并为全局概念模型。

1）设计局部概念模型。设计局部概念模型就是选择需求分析阶段产生的局部数据流程图或数据字典，设计局部 E-R 图。首先，确定数据库所需的实体。然后，确定各实体的属性以及实体间的联系，画出局部的 E-R 图。

属性必须是不可分割的数据项，不能包含其他属性。属性不能与其他实体具有联系，即 E-R 图中所表示的联系是实体之间的联系，而不能有属性与实体之间发生的联系。

2）集成局部概念模型。首先将两个重要的局部 E-R 图合并，然后依次将一个新局部 E-R 图合并进去，最终合并成一个全局 E-R 图。每次合并局部 E-R 图的步骤如下：

● 合并。先解决局部 E-R 图之间的冲突，将局部 E-R 图合并生成初步的 E-R 图。

● 优化。对初步 E-R 图进行修改，消除不必要的冗余，生成基本的 E-R 图。

例如，前述羊群营养配方管理系统数据库实体关系如图 5-2 所示。在该概念结构模型中，各实体的属性如下：

● 牧场：牧场编号、牧场名称、牧场类型、饲养方式、地址、上月日平均环境温度、当月日平均环境温度、降雨量、风速。

● 羊群：羊群编号、种类、目的类别、性别、数量、当前全体重、成年体重、当前月龄、年产净毛量、期望饲养期、期望日增重、平地行走距离、坡地行走距离、羊毛高度。

● 饲料原料：原料编号、原料名称、来源、原料类型、特征、能量脂肪水解率计算要求类别、购买否、价格、精料、粗料、常规指标、蛋白质细分指标、碳水化合物细分指标、脂肪细分指标、常量矿物质指标、蛋白质中必需氨基酸、微量矿物质元素指标。

- 配方方案：方案编号、配方时间、日粮供应量。
- 用户：用户账号、用户名称、密码、账号类型、联系电话。

其中，饲料原料的静态指标属性（常规指标、蛋白质细分指标、碳水化合物细分指标、脂肪细分指标、常量矿物质指标、蛋白质中必需氨基酸、微量矿物质元素指标）有 154 种，这里只列出了大类，不再详细列出。另外，营养平衡过程中需要计算的属性有 15 种，本着数据库中只存静态数据的原则，这些属性不再存储到数据库中，需要时可由其他属性计算求出。

5.4.3　逻辑结构设计

逻辑结构设计的任务是把概念结构设计的概念模型（E-R 模型）转换为与选用 DBMS 产品所支持的逻辑数据模型相符合的逻辑结构。设计逻辑结构时一般分为三步进行：首先，将概念结构转换为一般的关系、网状、层次等模型；其次，将转换来的关系、网状、层次等模型向特定 DBMS 支持下的逻辑数据模型转换；最后，对数据模型进行优化。

目前，数据库系统普遍采用关系数据模型 RDBMS，因此这里只介绍 E-R 图向关系数据模型转换的原则和方法。

（1）E-R 图到关系模型的转化。E-R 图向关系模型转换要解决如何将实体和实体间的联系转换为关系模式，如何确定这些关系模式的属性和码。

关系模型的逻辑结构是一组关系模式的集合。E-R 图则是由实体、实体的属性和实体之间的联系三个要素组成。所以将 E-R 图转换为关系模型，实际上就是要将实体、实体的属性和实体之间的联系转换为关系模式，这种转换一般遵循如下原则。

- 一个独立实体型，转化为一个关系模式，其属性转化为关系模式的属性，实体的码就是关系的码。
- 一个 1∶1 的联系，只要将两个实体的关系各自增加一个外码（对方实体的主码）即可。
- 一个 1∶n 的联系，只需为 n 方的关系增加一个外码属性，即对方实体的主码。另外，如果联系具有属性，一并放入 n 方关系中。
- 一个 m∶n 的联系，需要产生一个新的关系模式，该关系的主码属性由双方的主码构成，联系的属性转化为新关系模式的属性。

例如，图 5-2 的羊群营养配方管理系统数据库的概念模型转换为关系模型后，如下所示。

- 牧场(牧场编号，牧场名称，牧场类型，饲养方式，地址，上月日平均环境温度，当月日平均环境温度，降雨量，风速)。
- 羊群（<u>羊群编号</u>，种类，目的类别，性别，数量，当前全体重，成年体重，当前月龄，年产净毛量，期望饲养期，期望日增重，平地行走距离，坡地行走距离，羊毛高度，*牧场编号，用户账号*）。
- 饲料原料（<u>原料编号</u>，原料名称，来源，原料类型，特征，能量脂肪水解率计算要求类别，购买否，价格，精料，粗料，常规指标，蛋白质细分指标，碳水化合物细分指标，脂肪细分指标，常量矿物质指标，蛋白质中必需氨基酸，微量矿物质元素指标）。

- 配方方案（方案编号，配方时间，日粮供应量，羊群编号）。
- 配方组成（方案编号，原料编号，原料占比）。
- 用户（用户账号，用户名称，密码，账号类型，联系电话，牧场编号）。

其中，在上述关系模式中，加下划线的属性为主码，斜体的属性为外码。

形成了一般的逻辑数据模型后，下一步就是向特定的 RDBMS 的模型转换。设计人员必须熟悉所用 RDBMS 的功能与限制。这一步依赖于具体的机器，没有一个普遍的规则，但对于关系模型来说，这种转换通常比较简单。

（2）数据模型的优化。优化数据模型就是对数据库进行适当的修改、调整逻辑数据模型的结构，进一步提高数据库的性能。关系数据模型的优化通常以规范化理论为指导。具体的优化过程为对关系模式分解，实施规范化处理。

1）关系模式的分解。关系模式的分解就是将具有较低范式的关系分解成两个或多个关系，使所得关系满足更高的范式要求。它有利于减少关系的大小和数据量，节省存储空间。另外，它是实施规范化处理的重要手段。

2）规范化处理。在数据库设计过程中，关系模式结构必须满足一定的规范化要求，才能确保数据的准确性和可靠性。这些规范化要求被称为规范化形式，即范式。范式按照规范化的级别分为第一范式（1NF）、第二范式（2NF）、第三范式（3NF）、BC 范式（BCNF）、第四范式（4NF）和第五范式（5NF）。

在实际的数据库设计过程中，通常需要用到的是前三类范式。六种级别范式之间的关系如图 5-13 所示。

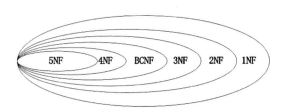

图 5-13　六种级别范式之间的关系

- 第一范式（1NF），当且仅当关系 R 的每个属性域都只含原子值时，则关系 R 满足第一范式。
- 第二范式（2NF），关系 R 为 1NF，当且仅当它的每一个非主属性完全函数相关于主码时，则 R 满足第二范式。
- 第三范式（3NF），若关系 R 为 2NF，当且仅当每个非主属性都是非传递相关于主码时，则关系 R 满足第三范式。

例如，上例羊群营养配方管理系统数据库的关系模型，通过分析可知，六个关系都满足3NF，理论上无需进一步优化，但是结合用户对系统的具体要求做一些调整。

用户要求饲料原料要分为系统饲料原料和本牧场饲料原料两个，它们的结构相同，其中系统饲料原料中的数据为系统自带，只有系统管理员可以操作，而本牧场饲料原料中的数据可以选自系统饲料原料，也可修改系统数据或输入新的原料数据。

优化调整后的关系数据模型，包含以下七个关系：

- 牧场（<u>牧场编号</u>，牧场名称，牧场类型，饲养方式，地址，上月日平均环境温度，当月日平均环境温度，降雨量，风速）。
- 羊群（<u>羊群编号</u>，种类，目的类别，性别，数量，当前全体重，成年体重，当前月龄，年产净毛量，期望饲养期，期望日增重，平地行走距离，坡地行走距离，羊毛高度，*牧场编号*，*用户账号*）。
- 系统饲料原料（<u>原料编号</u>，原料名称，来源，原料类型，特征、能量脂肪水解率计算要求类别，购买否，价格，精料，粗料，常规指标，蛋白质细分指标，碳水化合物细分指标，脂肪细分指标，常量矿物质指标，蛋白质中必需氨基酸，微量矿物质元素指标）。
- 本牧场饲料原料（<u>原料编号</u>，原料名称，来源，原料类型，特征、能量脂肪水解率计算要求类别，购买否，价格，精料，粗料，常规指标，蛋白质细分指标，碳水化合物细分指标，脂肪细分指标，常量矿物质指标，蛋白质中必需氨基酸，微量矿物质元素指标）。
- 配方方案（<u>方案编号</u>，配方时间，日粮供应量，*羊群编号*）。
- 配方组成（<u>方案编号</u>，<u>原料编号</u>，原料占比）。
- 用户（<u>用户账号</u>、用户名称、密码、账号类型、联系电话，*牧场编号*）。

其中，每一关系加下划线的属性为主码，斜体的属性为外码。

5.4.4　物理结构设计

数据库在物理设备上的存储结构与存取方式称为物理结构。物理结构设计要结合特定的数据库管理系统（DBMS），不同的数据库管理系统其文件的物理存储方式也是不同的。物理结构设计首先要确定数据库的物理结构，然后对物理结构进行评价，评价的重点为时间和空间效率。

如果评价结果满足设计要求则可以进入实施阶段，否则就需要重新设计或修改物理结构，有时甚至要返回到逻辑结构设计阶段修改数据模型。

（1）确定数据库的物理结构。确定数据库的物理结构主要是确定数据的存储结构和存取方法，包括确定表、索引、聚集、日志和备份等的存储安排与存储结构，确定系统存储参数配置。用户在设计表结构时，应着重注意以下几个方面。

1）确定数据表字段及其数据类型。将逻辑结构设计的关系模式转化为特定的存储单位——表。一个关系模式转化为一个表，关系名为表名，关系中的属性转化为表中的列，结合具体的数据库管理系统确定列的数据类型和精度。

2）确定哪些字段允许空值。空值（NULL），即数值未知，而不是"空白"或"0"。如存储学生的"家庭地址"和"联系电话"，在不知道的情况下可以先不输入，这时就需要在设计表时，允许这些字段取 NULL，这样可以保证数据的完整性。

3）确定主码。主码可唯一确定一行记录，主码可以是单独的字段，也可以是多个字段的组合，但一个数据表中只能有一个主码。

4）确定是否使用约束、默认值和规则等。约束、默认值和规则等用于保证数据的完整性。如在进行数据输入时，只有满足事先定义的约束和规则，才能成功。在设计表结构时，应明确是否使用约束、默认值和规则等，以及使用在何处。

5）确定是否使用外码。建立数据表间的关系，需要借助主码和外码关系来实现。因此，是否为数据表设置外码也是设计数据表时必须考虑的问题。

6）是否使用索引。使用索引可以加快数据检索的速度，提高数据库的使用效率，确定在哪些字段上使用索引以及使用什么样的索引，是用户必须考虑的问题。创建索引有以下基本规则。

- 在主码和外码上一般都建有索引，这有利于进行主码唯一性检查和完整性约束检查。
- 对经常出现在连接操作条件中的公共属性建立索引，可显著提高连接查询的效率。
- 对于经常作为查询条件的属性，可以考虑在相关字段上建立索引。
- 对于经常作为排序条件的属性，可以考虑在相关字段上建立索引，这样可以加快排序查询。

（2）评价物理结构。数据库物理设计过程中需要对时间效率、空间效率、维护代价和各种用户要求进行权衡，其结果可以产生多种方案。数据库设计人员必须对这些方案进行细致的评价，从中选择一个较优的方案，作为数据库的物理结构。

评价物理数据库的方法完全依赖于所选用的 DBMS，主要是从定量估算各种方案的存储空间、存取时间和维护代价入手，对估算结果进行权衡、比较，选择一个较优且合理的物理结构。

（3）数据库物理结构设计实例。这里我们以 SQL Server 数据库管理系统为例，利用上例的逻辑结构设计结果，对羊群营养配方管理系统数据库进行物理结构设计。

1）确定表结构。前面关系数据模型中的七个关系分别与表 5-1 至表 5-6 对应（其中系统饲料原料与本牧场饲料原料表结构均为表 5-3）。

表 5-1　牧场信息

列名	数据类型	字段大小	是否为空	说明
牧场编号	char	8	否	主关键字
牧场名称	varchar	50	否	
牧场类型	varchar	10	否	
饲养方式	varchar	16	否	
地址	varchar	50	否	
上月日平均环境温度	float		是	
当月日平均环境温度	float		是	
风速	float		是	

表 5-2 羊群信息

列名	数据类型	字段大小	是否为空	说明
羊群编号	char	20	否	主关键字
种类	varchar	6	否	
目的类别	varchar	10	否	
性别	varchar	6	否	
数量	int		是	
当前全体重	float		是	
成年体重	float		是	
当前月龄	float		是	
年产净毛量	float		是	
期望饲养期	int		是	
期望日增重	float		是	
平地行走距离	float		是	
坡地行走距离	float		是	
羊毛高度	float		是	
牧场编号	char	8	否	外键
用户账号	varchar	20	否	外键

表 5-3 系统饲料原料与本牧场饲料原料

列名	数据类型	字段大小	是否为空	说明
原料编号	char	12	否	主关键字
原料名称	varchar	30	否	
来源	char	12	否	
原料类型	char	10	否	
特征	varchar	30	否	
能量脂肪水解率计算要求类别	varchar	30	否	
购买否	bit		是	
价格	money		是	
精料	float		是	
粗料	float		是	
干物质	float		是	
粗蛋白质	float		是	
粗脂肪	float		是	
中性洗涤纤维	float		是	
粗灰分	float		是	
……	……	……	……	……

注：表中的字段多达 150 多种，此处不再一一列出。

表 5-4　配方方案

列名	数据类型	字段大小	是否为空	说明
方案编号	char	20	否	主关键字
配方时间	datetime		否	
日粮供应量	float		否	
羊群编号	char	12	否	外键

表 5-5　配方组成

列名	数据类型	字段大小	是否为空	说明	
方案编号	char	20	否	主关键字	外键
原料编号	char	12	否		外键
原料占比	float		否		

表 5-6　用户

列名	数据类型	字段大小	是否为空	说明
用户账号	varchar	20	否	主关键字
用户名称	varchar	20	是	
密码	varchar	12	否	
账号类型	varchar	10	否	
联系电话	char	12	是	
牧场编号	char	8	否	外键

2）确定物理存储位置。由于动态营养配方数据库仅有 7 张表，考虑到数据库存储不是很大，将数据库存放到服务器的数据盘上即可。

3）确定索引。动态营养配方数据库中的索引，按照"主键和外键考虑创建索引，经常作为查询条件的属性考虑创建索引"的原则设置，创建如下索引（每张表中带下划线的列为创建索引的列）。

- 牧场（<u>牧场编号</u>，<u>牧场名称</u>，牧场类型，饲养方式，地址，上月日平均环境温度，当月日平均环境温度，降雨量，风速）。

- 羊群（<u>羊群编号</u>，种类，目的类别，性别，数量，当前全体重，成年体重，当前月龄，年产净毛量，期望饲养期，期望日增重，平地行走距离，坡地行走距离，羊毛高度，<u>牧场编号</u>，<u>用户账号</u>）。

- 系统饲料原料（<u>原料编号</u>，<u>原料名称</u>，<u>来源</u>，<u>原料类型</u>，特征，能量脂肪水解率计算要求类别，购买否，价格，精料，粗料，常规指标，蛋白质细分指标，碳水化合物细分指标，脂肪细分指标，常量矿物质指标，蛋白质中必需氨基酸，微量矿物质元素指标）。

- 本牧场饲料原料（<u>原料编号</u>，<u>原料名称</u>，<u>来源</u>，<u>原料类型</u>，特征，能量脂肪水解率计算要求类别，购买否，价格，精料，粗料，常规指标，蛋白质细分指标，碳水化合物细分指标，脂肪细分指标，常量矿物质指标，蛋白质中必需氨基酸，微量矿物质元素指标）。
- 配方方案（方案编号，配方时间，日粮供应量，羊群编号）。
- 配方组成（方案编号，原料编号，原料占比）。
- 用户（用户账号，用户名称，密码，账号类型，联系电话，牧场编号）。

5.4.5 数据库的实施

在这一阶段，设计人员用 RDBMS 提供的数据定义语言和其他实用程序，将数据库逻辑设计和物理设计结果严格描述出来，成为 DBMS 可以接受的源代码，再经过调试产生目标模式，然后再组织数据入库。该阶段主要完成如下工作。

（1）数据库对象的实现。结合具体的某一 RDBMS，利用数据定义语言创建数据库，建立数据表，定义数据表的约束，创建索引、视图、函数和存储过程等数据库对象。

（2）数据的载入。一般数据库系统的数据量都很大，且数据来源于不同的单位和部门，数据的组织方式、结构和格式都与数据库系统存在差距。为提高数据输入效率和质量，应该针对具体的应用环境设计一个数据录入子系统，由计算机辅助完成数据入库任务。

（3）应用程序的调试。数据库应用程序设计应该与数据库设计同步进行。因此在组织数据入库的同时，还要调试应用程序。

（4）数据库的试运行。数据库输入小部分数据后，就可以开始进行联合调试，这称为数据库的试运行。这一阶段要实际运行数据库应用程序，执行对数据库的各种操作，测试应用程序的功能是否满足设计要求。如果不满足，则要对应用程序部分修改、调整，直到满足设计要求为止。另外，要测试系统的性能指标，分析其是否达到设计目标。如果测试的结果与设计目标不符，则要返回物理设计阶段，重新调整物理结构，修改系统参数。某些情况下，要返回逻辑设计阶段修改逻辑结构。

5.4.6 数据库的运行与维护

数据库试运行合格后，就基本完成了数据库开发工作，即可投入正式运行。但是，由于应用环境在不断变化，数据库运行过程中物理存储也会发生改变，因此对数据库设计进行评价、调整、修改等维护工作是一个长期的任务，也是设计工作的继续和提高。

在数据库运行阶段，对数据库经常性的维护工作主要是由数据库管理员（DBA）来完成，其主要包括以下几个方面的工作：

（1）数据库的转储和恢复。数据库的转储和恢复是系统正式运行后最重要的维护工作之一。DBA 要针对不同的应用要求制订不同的转储计划，以保证发生故障能尽快将数据库恢复到此前的一致状态，并尽可能减少对数据库的破坏。

（2）数据库的安全性、完整性控制。在数据库运行过程中，由于应用环境的变化，对安全性的要求也会发生变化。如原来是机密的数据，现在允许公开查询系统中用户的密级也会改变。这些都需要 DBA 根据实际情况修改原有的安全性控制。同时，数据库的完整性约束条件也会变化，也需要 DBA 不断修正，以满足新的要求。

（3）数据库性能的监督、分析和改造。在数据库运行过程中，监督系统运行，对监测数据进行分析，找出改进系统性能的方法是 DBA 的又一重要任务。目前有些 DBMS 产品提供了监测系统性能参数的工具，DBA 可以利用这些工具方便地得到一系列性能参数值，通过分析这些数据，来判断系统运行状况是否最佳，应当做哪些改进。如调整系统物理参数，或对数据库进行重组织或重构造等。

（4）数据库的重组织与重构造。数据库运行一段时间后，由于记录不断增、删、改，会影响数据库的物理存储，降低数据的存取效率，导致数据库性能下降。这时 DBA 就要对数据库进行重组织或部分重组织。在重组织的过程中，按原设计要求重新安排存储位置、回收垃圾、减少指针链等，进而提高系统性能。

数据库的重组织并不修改原设计的逻辑和物理结构，而数据库的重构造则不同，它是指部分修改数据库的模式和内模式。

由于数据库应用环境发生变化，增加了新的应用或新的实体，取消了某些应用；有的实体与实体间的联系也发生了变化等，使原有的数据库设计不能满足新的需求，需要调整数据库的模式和内模式，即数据库的重构造。当然重构也是有限的，只能做部分修改。如果应用变化太大，重构也无济于事，说明此数据库应用系统的生命周期已经结束，应该设计新的数据库应用系统了。

5.5 畜牧业大数据的应用

大数据在社会生产生活及管理服务过程中，依托现代信息技术采集、传输和汇总而形成，其处理数据的能力远远超过传统数据系统。大数据与传统数据最大的区别是其数据量大、速度快、类型多。目前，我们日常接触到的余额宝、微信和滴滴打车等，都有大数据的应用。将大数据技术应用于畜牧业生产，将有助于推动畜牧业快速高效发展。

5.5.1 畜牧业信息化中的大数据

随着畜牧企业自动化、智能化的技术的广泛应用，在畜牧企业和相关管理部门会产生大量的生产、经营和管理等方面的信息，这些信息就形成了畜牧业领域的大数据资源。目前，畜牧业领域的大数据信息主要有畜禽品种信息、生产经营信息、畜牧生态监测预警信息、畜产品质量安全监管信息及市场信息等。

（1）畜禽品种信息。畜禽品种和畜禽产品质量与养殖效益息息相关，因此畜禽品种信息的采集和优化，是实现畜牧业信息化的重要内容之一。猪、牛、羊和禽类等地方品种和引入品种以及培育品种等相关数据，对于提升畜禽产品质量意义重大。

（2）生产经营信息。畜禽饲养过程中产生的畜禽养殖环境监测信息、养殖场管理信息、疾病诊断与防控信息和质量追溯管理信息等，在畜牧业企业生产经营过程中越来越重要，直接决定着企业的经济效益和社会效益。因此，一些畜牧业龙头企业和大型养殖场配备有专门的数据采集员和数据分析师，直接为生产经营决策提供参考。但是，大数据技术的应用远不止与此，它可以极大程度地解放劳动力，优化企业生产。

（3）畜牧生态监测预警信息。目前，我国已初步搭建了全国草原资源与生态监测信息平台，全国草原监测地面调查数据网络报送管理系统监测覆盖全国400多个县。同时，还在部分地区建设了基于3S技术的监测预警示范。

（4）畜产品质量安全监管信息及市场信息。畜产品生产过程中的质量安全控制环节中，饲料生产是重要环节。近几年，我国先后建设了饲料监测工作平台网站和饲料监测结果上报系统，为畜产品质量安全监控提供了重要信息源。大数据技术应用将为人们提供更加安全的畜产品，同时能够及时反馈市场信息。

5.5.2　畜牧业大数据技术的应用

对于畜牧业领域大数据资源的处理与利用已经超出了传统的数据库技术的能力范围，为了解决好这一问题，近些年大数据技术在畜牧业领域被逐步推广应用。

（1）利用大数据开发和建立畜牧业信息数据库系统。应用大数据挖掘技术能够持续提升数据库中的数据数量和质量，保证能够涵盖一个地区畜牧行业的全方位、综合信息资源库，从而满足不同用户的信息需求。更重要的是，利用数据挖掘技术能保证数据库的稳定可靠和数据的及时更新。利用数据挖掘技术建立的信息数据库系统包含了畜牧产前、产中和产后饲料信息、饲养情况、产品价格、销售数据、库存量和运输进出口等环节的实时信息。通过建立相应的共享平台，确保这些信息能够被地方政府、研究机构、高等院校、企事业单位和养殖户等使用，为畜牧业发展政策制定、市场供求信息预测提供决策依据。

（2）利用大数据技术加强畜牧业数据库系统的开发和利用。利用大数据分析技术能够快速高效地开发和利用畜牧业数据库系统，助推畜牧业科学发展，为科学预测市场发展前景，作好市场判断，奠定数据基础。其中，主要包括技术推广、生态预警和畜禽疫病防控等多方面信息进行更新，真正利用畜牧业信息资源助推畜牧业现代化建设。

奶牛场里如果一头牛生病，可能造成整个牛场感染；异常奶混入储奶罐，影响了整罐奶的质量。借助于捆绑在奶牛腿部或植入皮下的电子标签和传感器，可以实时监测奶牛的体温、心率等健康数据，将采集数据传入数据中心，并通过终端设备警示工作人员，从而对病牛提前采取措施，阻止疾病传播，并有效防止奶源污染。例如，蒙牛挤奶大厅利用RFID自动扫描记录，挤奶器对乳房自动冲洗、消毒和挤奶。同时，还可以通过安装在挤奶台的阿菲金牧场管理软件记录牛奶流量、重量、细胞含量、乳脂肪、乳蛋白、尿素、电导性及乳品含血量等信息。

（3）利用大数据采集加工技术开发畜牧业专家系统和人才库。利用大数据采集技术，一方面可以收集各研究机构、科研院所和大中专学校的畜牧业专家信息，建立畜牧业专家数据库，适时了解专家的专长、最新研究动态和成果，促进科研成果有效转化，促进畜牧生产技术更新和生产效率提高；另一方面，构建畜牧业人才库能促进人才的合理流动，不断推进畜牧业创新发展。

（4）利用大数据技术推进畜产品电子商务营销体系建设。近年来，各行业的电子商务发展迅猛，畜产品电子商务已成为企业营销体系中重要组成。新疆等地已经建立了畜产品电子商务网络，实现了畜产品网上交易，丰富了畜牧企业销售渠道。

课后练习

一、选择题

1. 数据库 DB、数据库系统 DBS、数据库管理系统 DBMS 三者之间的关系是（　　　）。
    A．DBS 包括 DB 和 DBMS
    B．DBMS 包括 DB 和 DBS
    C．DB 包括 DBS 和 DBMS
    D．DBS 就是 DB，也就是 DBMS

2. 下面所列举的软件中（　　　）不属于数据库设计软件。
    A．Oracle
    B．Access
    C．MySQL
    D．Visual Basic

3. 用二维表来表示实体及实体之间联系的数据模型是（　　　）。
    A．实体－联系模型
    B．层次模型
    C．网状模型
    D．关系模型

4. Access 的数据库类型是（　　　）。
    A．关系数据库
    B．网状数据库
    C．层次数据库
    D．面向对象数据库

5. 下列（　　　）不是关系模型的术语。
    A．元组
    B．属性
    C．变量
    D．域

6. 在数据库中能够唯一地标识出一个元组的属性或属性组称为（　　　）。
    A．记录
    B．码
    C．域
    D．字段

7. 关系数据库中的任何检索操作都是由三种基本运算组合而成的，这三种基本运算不包括（　　　）。
    A．关系
    B．连接
    C．选择
    D．投影

8. 在数据库设计的（　　　）阶段，用 E-R 图来描述信息结构。
    A．需求分析
    B．概念结构设计
    C．逻辑结构设计
    D．物理结构设计

9. 在下述关于数据库系统的叙述中，正确的是（　　　）。
    A．数据库中只存在数据项之间的联系
    B．数据库的数据项之间和记录之间都存在联系
    C．数据库的数据项之间无联系，记录之间存在联系
    D．数据库的数据项之间和记录之间都不存在联系

10. 下列不属于数据库实施阶段的任务是（　　　）。

　　A．数据表结构的设计　　　　　　B．数据表的创建

　　C．数据的载入　　　　　　　　　D．数据库的试运行

二、填空题

1. _____是按用户的观点来对数据和信息建模，主要用于数据库设计。

2. 逻辑数据模型通常由_____、_____和_____三部分组成。

3. 实体－联系方法用_____来描述现实世界的概念模型。

4. 关系模型的三类完整性，即_____、_____和_____。

5. 关系数据模型的优化通常以_____为指导。

6. 数据库的物理结构设计要结合特定的_____。

三、简答题

1. 试述等值连接与自然连接的区别与联系。

2. 试述数据库设计过程中各个阶段的主要任务。

3. 简述数据库概念结构设计阶段常用的方法。

4. 简述 E-R 图到关系模型的转化方法。

第6章　管理信息系统

随着畜牧行业竞争的加剧，市场日趋饱和，粗放式管理的缺陷日益暴露，导致畜牧行业企业利润不同程度地下滑，越来越多的企业也认识到畜牧行业管理信息系统的重要性，特别是云计算、大数据、区块链、人工智能（AI）在畜牧行业软件的拓展应用，使畜牧行业管理信息系统更加智能化、便捷化，功能更加强大，界面更加美观，使用更加方便。本章首先介绍了管理信息系统的特点、分类和组成结构，随后结合某企业羊群动态营养平衡系统的开发，重点介绍了管理信息系统的建设内容，包括管理信息系统的开发方法和系统规划、系统分析、系统设计、系统实施与维护等各个阶段的具体工作任务。

学习目标

- 了解管理信息系统的特点与分类。
- 理解管理信息系统的结构。
- 掌握管理信息系统的开发方法。
- 掌握系统规划的内容、步骤与方法。
- 掌握构建新系统逻辑模型的方法。
- 掌握构建新系统的物理模型的方法。
- 理解系统实施与运行管理内容。

6.1　管理信息系统概述

管理信息系统是一个由人、计算机等组成的能进行管理信息收集、传递、储存、加工、维护和使用的系统。管理信息系统能实测企业的各种运行情况，利用过去的数据预测未来，从全局出发辅助企业进行决策，利用信息控制企业的行为，帮助企业实现其规划目标。

6.1.1　管理信息系统的特点

管理信息系统不仅仅是一个能对管理者提供帮助的基于计算机的人机系统，而且也是一个社会技术系统，因此，应将管理信息系统放在组织与社会这个大背景去考察，并把考察的重点从科学理论转向社会实践，从技术方法转向使用这些技术的组织与人，从系统本身转向系统与组织、环境的交互作用。管理信息系统具有以下特点：

（1）管理信息系统是为管理决策服务的信息系统。它能够根据管理的需要及时提供所需要的信息，帮助决策者进行决策。

（2）管理信息系统是对组织乃至整个供需链进行全面管理的综合系统。其意义在于产生更高层次的管理信息，为管理决策服务。

（3）管理信息系统是人机结合的系统。其目的在于辅助决策，而决策只能由人来做；在管理信息系统中，各级管理人员既是系统的使用者，又是系统的组成部分。

（4）管理信息系统是需要与先进的管理方法和手段相结合的信息系统。如果只简单地采用计算机仿真原手工管理系统，用它来提高处理速度，而不采用先进的管理方法，那么，其作用只是减轻了管理人员的劳动。

（5）管理信息系统是多学科交叉的边缘学科。早期的研究者从计算机科学与技术、应用数学、管理理论、决策理论、运筹学等相关学科中抽取相应的理论，构建了管理信息系统的理论基础，从而形成一个具有鲜明特色的边缘学科。

6.1.2 管理信息系统的分类

管理信息系统从系统的功能和应用上可以分为以下六类：

（1）国家经济信息系统。国家经济信息系统是一个包含综合统计部门（如国家发展计划委员会、国家统计局）在内的国家级信息系统。在国家经济信息系统下，纵向联系各省、市、地、县及重点企业的经济信息系统，横向联系外贸、能源、交通等各行业信息系统，形成一个纵横交错、覆盖全国的综合经济信息系统。其主要功能是收集、处理、存储和分析与国民经济有关的各类经济信息，及时、准确地掌握国民经济运行状况，为各级经济管理部门提供统计分析和经济预测信息，也为各级经济管理部门及企业提供经济信息。

（2）企业管理信息系统。企业管理信息系统面向工厂、企业，如制造业、商业企业、建筑企业等，主要进行管理信息的加工处理，是最复杂的一类信息系统，一般应具备对工厂生产监控、预测和决策支持的功能。大型企业的管理信息系统一般都包括"人、财、物""产、供、销"及质量、技术等，同时技术要求也很复杂，因而常被作为典型加以研究，有力地推动管理信息系统的发展。

（3）事务型管理信息系统。事务型管理信息系统面向事业单位，主要进行日常事务的处理，如医院管理信息系统、饭店管理信息系统、学校管理信息系统等。由于不同应用单位处理的事务不同，管理信息系统的逻辑模型也不尽相同，但基本处理对象都是管理事务信息，要求系统具有较高的实用性和数据处理能力，决策工作相对较少，数学模型也使用较少。

（4）行政机关办公型管理信息系统。国家各级行政机关办公管理自动化，对提高领导机关的办公质量和效率、改进服务水平具有重要意义。办公型管理信息系统的特点是办公自动化和无纸化，在行政机关办公型管理信息系统中，主要应用局域网、打印、传真、印刷、微缩等技术，提高办公事务效率。行政机关办公型管理信息系统对下要与各部门下级行政机关信息系统互连，对上要与上级行政主管决策服务系统整合，为行政主管领导提供决策支持信息。

（5）专业型管理信息系统。专业型管理信息系统是指从事特定行业或领域的管理信息系统，如人口管理信息系统、物价管理信息系统、科技人才管理信息系统、房地产开发管理信息系统等。这类信息系统专业性强，信息相对专业，主要功能是收集、存储、加工与预测等，技术相对简单，规模一般较大。

（6）专业性更强的信息系统，如铁路运输管理信息系统、电力建设管理信息系统、银行管理信息系统、民航信息系统、邮电信息系统等。它们的特点是综合性强，包括上述各种管理信息系统的特点，因此，被称为综合型管理信息系统。

6.1.3 管理信息系统的结构

管理信息系统的结构是指管理信息系统各组成部分所构成的框架。对不同组成部分的不同理解构成了不同的结构方式，管理信息系统的结构主要包括概念结构、层次结构、功能结构和软件结构等。

（1）管理信息系统的概念结构。从总体概念上看，管理信息系统由四大部件组成，即信息源、信息处理器、信息用户和信息管理者。它们之间的关系如图 6-1 所示。

图 6-1　管理信息系统的概念结构

信息源是信息的产生地，即管理信息系统的数据来源；信息处理器主要进行信息的接收、传输、加工、存储、输出等任务；信息用户是信息的使用者，包括企业内部同管理层次的管理者；信息管理者则依据信息用户的要求，负责管理信息系统的设计开发、运行管理与维护。

（2）管理信息系统的层次结构。由于一般的组织管理均是分层次的，如战略管理、管理控制、作业管理、事务处理等，为其服务的信息处理与决策支持也相应地分为三个层次，构成管理信息系统的纵向结构。从横向来看，任何企业都可按照各个管理组织或机构的职能组成管理信息系统的横向结构，如销售与市场、生产管理、物资管理、财务与会计、人事管理等。从处理的内容及决策的层次来看，信息处理所需资源的数量随管理任务的层次而变化。一般基层管理的业务信息处理量大，层次越高，信息量越小，形成如图 6-2 所示的金字塔式管理信息系统结构。

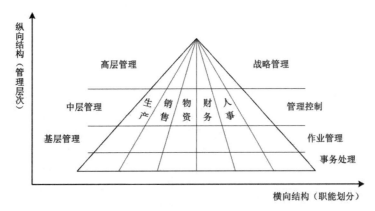

图 6-2　管理信息系统的金字塔结构

1）事务处理。这主要指处理日常工作中的各类统计、报表、信息查询和文件档案管理等。

2）作业管理。这主要指协助管理者合理安排各项业务活动的短期计划，如生产日程安排等；根据计划实施情况进行调度与控制，对日常业务活动进行分析、总结与形成报告等。其主要信息来源是企业的内部环境信息，特别是反映当前业务活动情况的信息。

3）管理控制。这需要根据企业的整体目标和长期规划，制订中期生产、供应和销售活动计划，运用各种计划、预算、分析、决策模型和有关信息，协助管理者分析问题，检查和修改计划与预算，分析、评价并且预测当前活动及其发展趋势以及对企业目标的影响等。管理控制需要利用大量反映业务活动状况的内部信息，也需要大量反映市场情况、原材料供应者和竞争者状况的外部信息。

4）战略管理。协助管理者根据外部环境信息和有关模型方法确定和调整企业目标，制订和调整长期规划、总行动方针等。战略管理需要利用下层各层次信息处理的结果，也要使用大量的内、外部信息，如用户、竞争者、原材料供应者的情况，国家和地区社会经济状况与发展趋势，国家和行业管理部门的各种方针与政策。政治、心理因素、民族、文化背景等对战略管理也都有重要影响。

从信息处理层次上看，越靠近金字塔的顶端，信息处理的非结构化程度越强，信息量越少，这些信息用于满足企业高层决策者的需求；而到金字塔的中部和底部，信息量越来越大，信息处理的结构化程度也越来越强，这些信息用于满足企业的中层和基层管理人员及操作人员的需求。在金字塔的不同层次之间存在着信息的交流，高层的信息处理以底层的信息为基础，通过对底层信息的综合、提炼和加工得到上层信息。上层信息则指导和控制底层信息的处理过程。

（3）管理信息系统的功能结构。管理信息系统从使用者的角度看，总有一个目标，这具有多种功能。各种功能之间又有各种信息联系，构成一个有机结合的整体，形成一个功能结构。图 6-3 所示的管理信息系统功能/层次矩阵反映了支持整个组织在不同层次的各种功能。图中每列代表一种管理功能，管理功能的划分因组织的规模不同而不同，没有标准的分法；图中每行表示一个管理层次；行列交叉表示一种功能子系统。

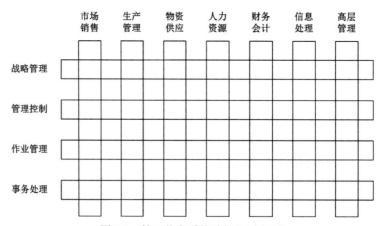

图 6-3　管理信息系统功能/层次矩阵

1）市场销售子系统。市场销售功能通常包括产品的销售和推销以及售后服务的全部活动。事务（业务）处理有销售订单和推销订单的处理；作业管理活动包括雇佣和培训销售人员、销售和推销日常调度，还包括按区域、产品、顾客的销售数量的定期分析等；在管理控制方面，包括总销售成果和市场计划的比较，它要用到有关客户、竞争者、竞争产品和销售力量等方面的数据；在战略管理方面包括新市场的开拓和新市场的战略，使用的信息有顾客分析、竞争者分析、顾客调查信息、收入预测和技术预测等。

2）生产管理子系统。这包括产品的设计、生产设备计划、生产设备的调度与运行、生产工人的雇佣与培训、质量的控制与检查等。在该子系统中，典型的事务（业务）处理是生产指令、装配单、成品单、废品单和工时单等的处理；作业管理要求把实际进度与计划比较，找出瓶颈环节；管理控制需要形成概括性报告，反映进度计划、单位成本、所用工时等项目在整个计划中的绩效变动情况；战略管理则要考虑加工方法及各种自动化方案的选择。

3）物资供应子系统。物资供应功能包括采购、收货、库存控制、分发等管理活动。事务处理数据为购货申请、购货订单，加工单、收货报告、库存票、提货单等；作业管理要求把物资供应情况与计划进行比较，产生库存水平、采购成本、出库项目和库存营业额等分析报告；管理控制信息包括计划库存与实际库存的比较，采购成本、缺货情况及库存周转率等；战略管理主要涉及新的物资供应战略、对供应商的新政策以及"自制与外购"的比较分析等，还有新的供应方案，新技术等信息。

4）人力资源子系统。该子系统包括人力资源计划、职工档案管理、员工的选聘、培训、岗位调配、业绩考核、工资福利，退休和解聘等。其事务处理产生有关聘用条件、工作岗位职责说明、培训说明、人员基本情况数据、工资和业绩变化、工作时间、福利和终止聘用通知等；管理控制主要进行实际情况与计划的比较，找出差距制定调整措施，产生各种报告和分析结果，用以说明在岗工人的数量、招工费用、技术专长的构成、应付工资、工资率的分配及是否符合政府就业政策等；战略管理包括人力资源状况分析，人力资源战略和方案评价，人力资源政策的制定。人力资源子系统适用的信息除了本企业综合性信息外，还包括国家的人事政策、工资水平、教育情况和世界局势等。

5）财务会计子系统。财务与会计有着不同的工作目标和工作内容，但它们之间有着密切的联系。财务的目标是实现企业的财务要求，使其花费尽可能低。会计则是把财务业务分类、总结，编制标准财务报表，制订预算及对成本数据的分类与分析。事务处理包括凭证编制与处理、会计账表的编制等；作业管理（运行控制）关心每天的差错和异常情况报告，延迟处理的报告和未处理业务的报告等；管理控制包括预算计划和成本数据的分析比较（如财务资源的实际成本、处理会计数据的成本和差错率）、综合财务状况分析、改进财务运作的途径等；战略管理关心的是投资理财效果，对企业战略计划的财务保证能力以及中长期的投资、融资、成本和预算系统计划等。

6）信息处理子系统。该子系统集中管理企业的信息资源，保证企业各职能部门获得必要的信息资源和信息处理服务，包括管理信息系统的规划建设、软件和硬件的维护管理、企业网站的建设与日常管理、响应各类信息需求、为其他子系统提供技术支持等。典型的事务处理是处理请求，控制管理信息系统的运行，报告硬件和软件的故障，网站内容的更新等；作业管理

（运行控制）包括软件和硬件故障维护、信息安全保障等；管理控制要求分析信息系统运行状况，如设备费用、程序员的能力、项目开发的实施计划等情况的比较，找出差距并且制定改进的方案等；战略管理关心信息功能的组织、信息系统的总体规划、硬件和软件的总体结构、系统运行效果、信息保证能力，提出管理信息系统建设的长远规划。

办公自动化系统一般看作与信息处理系统合一的子系统，也可作为一个独立的子系统。

7）高层管理子系统。每个组织都有一个高层领导层，如公司总经理和各职能领域的副总经理组成的委员会。高层管理子系统为高层领导服务。事务处理和作业管理活动主要是信息的查询和决策的支持，日常公文处理，会议安排，内部指令发送及外部信息交流等；管理控制层要求进行各功能子系统执行计划的总结和计划的比较分析，找出问题并提出调整方案；最高层的战略管理活动需要确定企业的定位和发展方向，制定竞争策略和融资投资战略等，它要求综合外部和内部的信息。外部信息包括竞争者信息、区域经济指数、顾客偏好、提供服务的质量等。

（4）管理信息系统的软件结构。在管理信息系统的功能/层次矩阵的基础上进行纵横综合，纵向上把不同层次的管理业务按职能综合起来，横向上把同一层次的各种职能综合在一起，实现信息集中统一、程序模块共享、各子系统功能无缝集成，由此形成一个完整的一体化的系统，即管理信息系统的软件结构，如图6-4所示。

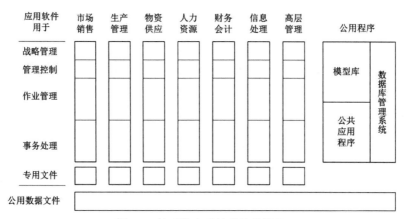

图 6-4　管理信息系统的软件结构

显然，管理信息系统是由各功能子系统组成的，每个功能子系统又可分为事务处理、作业管理、管理控制、战略管理四个主要信息处理部分。每个功能子系统都有自己的文件，即图中每个方块是一段程序块或一个文件。例如，生产管理的软件系统由支持战略管理、管理控制、运行控制以及业务处理的模块组成，并且带有自己的专用数据文件。整个系统有为全系统共享的数据和程序，包括为多个职能部门服务的公用文件、公用程序，为多个应用程序共用的分析与决策模型的公用模型库及数据库管理系统等。

6.2　管理信息系统的建设

在信息系统的建设开始以前，首先要建立以主要领导为领导的 IS 领导小组，该领导小组应以企业主要领导为组长，其成员应包括企业各职能部门的负责人、信息部门负责人以及内部或外请的系统分析员等。在 IS 领导小组的领导下成立系统组，包括系统分析员、各职能部门的业务骨干、信息系统技术人员等，这是一个全时进行系统规划的组织。

组织建成以后一般应先进行规划，有了规划以后，确定了一些项目，针对某个项目就可进行开发，项目开发应包括系统分析、系统设计、系统实施和运行管理等阶段。

6.2.1　系统开发方法

20 世纪 70 年代以来，西方开始重视系统开发方法的研究，提出许多新的系统开发方法，常用的有结构化开发方法、原型法、面向对象法和计算机辅助软件工程等，下面主要讲解前两种方法。

（1）结构化开发方法。结构化开发方法（Structured System Analysis and Design ，SSA&D）亦称结构化生命周期法，是指用系统工程的思想和工程化的方法，按照用户至上的原则，自顶向下整体性分析与设计和自底向上逐步实施的系统开发过程。

结构化开发方法先将整个信息系统开发过程划分为：系统规划、系统分析、系统设计、系统实施、系统运行与维护等若干相对独立的阶段，再严格规定每个阶段的任务和工作步骤，同时提供便于理解和交流的开发工具方法（图表）。在系统分析时，采用自顶向下、逐层分解，由抽象到具体的逐步认识问题的方法；在系统设计时，先考虑系统整体的优化，再考虑局部的优化问题；在系统实施时，则坚持自底向上，先局部后整体，通过标准化模块的链接形成完整的系统。

1）开发阶段划分。用结构化系统开发方法开发一个系统，将整个开发过程划分为五个首尾相连接的阶段，一般称之为系统开发的生命周期，如图 6-5 所示。

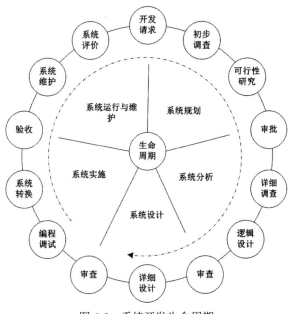

图 6-5　系统开发生命周期

- 系统规划阶段，该阶段的工作是根据用户的系统开发请求，初步调查，明确问题，然后进行可行性研究。

- 系统分析阶段，该阶段的任务是分析业务流程、分析数据与数据流程、分析功能与数据之间的关系，最后提出新系统逻辑方案。

- 系统设计阶段，该阶段的任务是总体结构设计、代码设计、数据库/文件设计、输入/输出设计、模块结构与功能设计。与此同时根据总体设计的要求购置与安装设备，最终给出系统实施方案。

- 系统实施阶段，该阶段的任务是同时进行编程（或者是选择 ERP 产品，根据系统分析和设计的要求，进行本地化二次开发）、人员培训、数据准备，然后投入试运行。

- 系统运行与维护阶段，该阶段的任务是同时进行系统的日常运行管理、评价、监理审计三部分工作，然后分析运行结果，如果运行结果良好，则送管理部门指导组织生产经营活动；如果有点问题，则要对系统进行修改、维护或者是局部调整；如果出现了不可调和的大问题（这种情况一般是系统运行若干年之后，系统运行的环境已经发生了根本的变化时才可能出现），则用户将会进一步提出开发新系统的要求，这标志着老系统生命的结束，新系统的诞生。

2）结构化系统开发方法的优缺点。结构化系统开发方法具有强调系统开发过程的整体性和全局性、严格地区分开发阶段的优点。

结构化系统开发方法也存在很多缺点和不足，主要表现在开发周期过长、难以适应迅速变化的环境、使用的工具落后和有违认识事物的规律性四个方面。

必须指出的是，尽管结构化系统开发方法存在一些缺点，但其严密的理论基础和系统工程方法仍然是系统开发中不可缺少的。而且，对于复杂系统的开发往往必须采用结构化方法。随着大量开发工具的引入，开发工作效率大大提高，使得结构化方法的生命力越来越强。目前它仍然是一种被广泛采用的系统开发方法，特别是将这种方法与其他方法结合使用时效果更好。

（2）原型法。原型法是指借助于功能强大的辅助系统开发工具，按照不断寻优的设计思想，通过反复的完善性实验最终开发出来符合用户要求的管理信息系统的过程和方法。

1）原型法工作流程。原型法的工作流程如图 6-6 所示。首先用户提出开发要求，然后开发人员识别和归纳用户要求，根据识别归纳的结果，构造出一个原型（即程序模块），然后同用户一道评价这个原型。如果根本不行，则回到第三步重新构造原型；如果不满意，则修改原型，直到用户满意为止。

2）原型法的局限性。原型法的使用是有一定的适用范围和局限性的。这主要表现在：

- 对于一个大型的系统，如果我们不经过系统分析来进行整体性划分，想要直接用屏幕来一个一个地模拟是很困难的。

- 对于大量运算、逻辑性较强的程序模块，原型法很难构造出模型来供人评价。

- 对于原基础管理不善，信息处理过程混乱的问题，使用有一定的困难，首先是由于对象工作过程不清，构造原型有一定困难。其次是由于基础管理不好，没有科学合理的方法可依，系统开发容易走上机械地模拟原来手工系统的轨道。

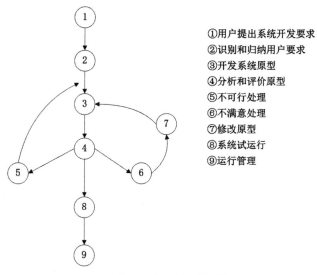

①用户提出系统开发要求
②识别和归纳用户要求
③开发系统原型
④分析和评价原型
⑤不可行处理
⑥不满意处理
⑦修改原型
⑧系统试运行
⑨运行管理

图 6-6 原型法的工作流程

● 对于一个批处理系统，其大部分是内部处理过程，这时用原型法有一定的困难。

因此，在实际系统开发过程中，人们常常将原型法与系统分析的方法相结合起来开发系统。即：先用系统分析的方法来划分系统；然后再用原型法来开发具体模块。

6.2.2 系统规划

系统规划是企业信息系统的长远发展规划，是建立管理信息系统的先行工程，是在系统开发前进行的，也称为总体规划或战略规划。系统规划是决策者、管理者和开发者共同制定和共同遵守的建立信息系统的纲领，是企业战略规划的一个重要组成部分。

（1）系统规划的内容。系统规划是管理信息系统生命周期的第一个阶段。这个阶段的主要目标是确定管理信息系统的长期发展方案，决定管理信息系统在整个生命周期内的发展方向、规模以及发展进程。信息系统规划主要包括以下六方面的内容：

1）信息系统的总目标、发展战略与总体结构的确定。根据企业的战略目标和内外约束条件，确定信息系统的总目标和总体结构，使管理信息系统的战略与整个企业的战略和目标协调一致。信息系统的总目标规定信息系统的发展方向，发展战略规划提出衡量具体工作完成的标准，总体结构则提供系统开发的框架。

2）企业现状分析。包括对计算机软件、硬件、产业人员、开发费用及当前信息系统的功能、应用环境和应用现状等情况进行充分地了解和评价。

3）进行可行性研究。在现状分析的基础上，从技术、经济和社会因素等方面研究并且论证系统开发的可行性。可行性研究的目的是用最小的代价，在最短的时间内确定问题是否能够得到解决。

4）企业流程重组。对业务流程现状、存在问题和不足进行分析，使流程在新的技术条件下重组。企业流程重组是根据信息技术的特点，对手工方式下形成的业务流程进行根本性的重新考虑和重新设计。

5）对相关信息技术发展的预测。信息系统规划必然受到信息技术发展的影响。因此，对规划中涉及的软、硬件技术，网络技术，数据处理技术和方法的发展变化及其对信息系统的影响进行预测。

6）资源分配计划。制订为实现系统开发计划而需要的软、硬件资源，数据通信设备、人员、技术和资金等计划，给出整个系统建设的概算，并进行可行性分析。

（2）系统规划的步骤。进行管理信息系统的规划一般应包括以下一些步骤，如图6-7所示。

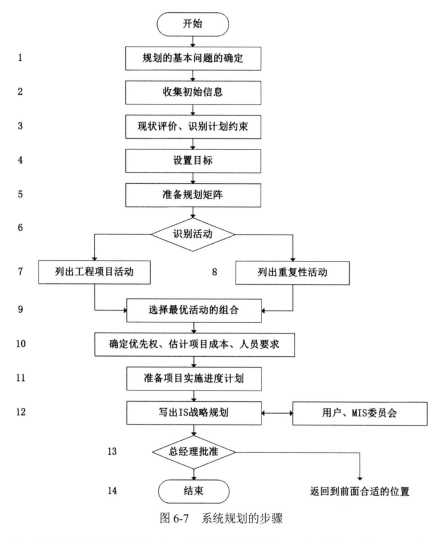

图6-7　系统规划的步骤

第1步，规划的基本问题的确定。应包括规划的年限、规划的方法，确定集中式还是分散式的规划以及是进取还是保守的规划。

第2步，收集初始信息。包括从各级干部、客户相似的企业、本企业内部各种信息系统委员会、各种文件以及从书籍和杂志中收集信息。

第3步，现存状态的评价和识别计划约束。包括目标、系统开发方法、计划活动、现存硬件和它的质量、信息部门人员、运行和控制、资金、安全措施、人员经验、手续和标准、中期和长期优先序、外部和内部关系、现存的设备、现存软件及其质量和企业的思想及道德状况。

第 4 步，设置目标。这实际上应由总经理和计算机委员会来设置，它应包括服务的质量和范围、政策、组织以及人员等，它不仅包括信息系统的目标，而且应有整个企业的目标。

第 5 步，准备规划矩阵。这实际上是信息系统规划内容之间相互关系所组成的矩阵，列出这些矩阵后，实际上就确定了各项内容以及它们实现的优先序。

第6~9步，是识别上面所列出的各种活动，不仅是一次性的工程项目性质的活动，还是一种重复性的经常进行的活动。由于资源有限，不可能所有项目同时进行，要选择回报最大的项目优先进行，要正确选择工程类项目和日常重复类项目的比例，正确选择风险大的项目和风险小的项目的比例。

第10步，是给定项目的优先权和估计项目的成本费用。依此我们可编制项目的实施进度计划第11步，然后在第12步把战略长期规划书写成文，在此过程中还要不断与用户、信息系统工作人员以及信息系统委员会的领导交换意见。

写出的规划要经第13步，即总经理批准才能生效，并宣告战略规划任务的完成。如果总经理没批准，只好再重新进行规划。

（3）系统规划的方法。用于管理信息系统规划的方法很多，主要是关键成功因素法（Critical Success Factors，CSF）、战略目标集转化法（Strategy Set Transformation，SST）、企业系统规划法（Business System Planning，BSP）等。这里重点介绍常用的 BSP 法。

1）BSP 法的概念和原则。BSP 法是美国 IBM 公司在 20 世纪 70 年代初，用于企业内部系统开发的一种方法。这种方法是基于信息支持企业运行的思想，首先是自上而下地识别系统目标、识别企业的过程与识别数据，再自下而上地设计系统目标，最后把企业的目标转化为管理信息系统规划的全过程。

使用 BSP 方法的前提是企业内部有改善目前计算机信息系统和为建设新系统而建立总战略的需求。其基本概念与企业内的信息系统的长期目标密切相关。

● 信息系统必须支持企业的目标。

系统规划的一个最重要的任务是确定管理信息系统的战略和目标，使它们与企业的战略和目标保持一致。信息系统是一个企业的有机组成部分，对企业的总体有效性起非常重要的作用。信息系统的开发和维护需要大量的资金和人力，所以信息系统必须支持企业的真正需要和企业的目标。重要的是要让企业高级管理者认识这一原则才能获得他们的大力支持和参与，从而保障系统规划使用 BSP 方法的顺利进行。

● 系统的规划应当表达企业各管理层次的需求。

企业的管理过程有战略规划、管理控制和操作控制三个层次。确定企业的目标以及为达到目标所使用的资源等属于战略规划的内容；管理控制是企业在实现其目标的过程中，为有效获得和使用企业资源而进行的管理活动；操作控制则是为保证有效完成具体的任务而进行的管理活动。系统规划应能表达企业的各个层次的需求，特别是对管理有直接影响的决策支持。

● 信息系统能向整个企业提供一致的信息。

信息的一致性是对信息系统的最基本的要求。由于传统的数据处理系统采用"自下而上"的开发方法，没有统一的规划，容易造成信息冗余、数据不一致、数据难以共享等问题。因此，将数据作为企业的资源来管理是非常必要的，由企业的数据管理部门统一组织和协调，在总体规划时采用"自上而下"的规划方法，统一制定对数据的域定义、结构定义和记录格式、更新时间及更新规则等，从而保证系统结构的完整性和信息的一致性，且在信息一致性的基础上为企业的各个部门所使用。

● 信息系统对组织机构和管理体制的变化具有适应性。

信息系统应当实现对主要业务流程的改造和创新，在组织机构和管理体制改变时保持工作能力。因此，要有适当的信息系统设计技术。这种技术需要独立于组织机构的各种因素，BSP 方法采用了业务流程的概念，同任何的组织体系和具体的管理职责无关。任一企业可从逻辑上定义一组流程，只要企业的产品和服务基本不变，则过程的改变就会极小。

● 信息系统的战略由信息系统总体结构中的子系统开始实现。

一般来说，支持整个企业的总信息系统的规模太大，不可能一次完成。"自下而上"地建设信息系统存在严重问题，例如数据不一致、难以共享、数据冗余等，因而有必要建立信息系统的长期目标。BSP 方法采用"自上而下"的系统规划，"自下而上"的系统实现，如图 6-8 所示。

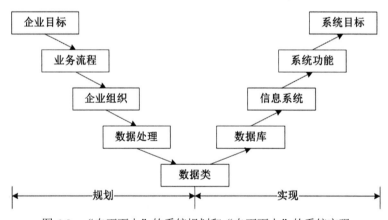

图 6-8 "自下而上"的系统规划和"自下而上"的系统实现

2）BSP 法的工作步骤。使用 BSP 法进行系统规划是一项系统工程，其工作步骤如下。

第 1 步，立项。需要企业最高领导者的赞同和批准，明确研究的范围和目标以及期望的成果；成立研究小组，选择企业主要领导人之一担任组长，且应保证此领导人能用其全部的时间参加研究工作和指导研究小组的活动。

第 2 步，准备工作。对参加研究小组的成员和企业管理部门的管理者进行一定深度的培训；制定 BSP 的研究计划，绘制总体规划工作的 PERT 图或甘特图；准备各种调查表和调查提纲。

第 3 步，调研。研究小组成员收集各方面有关的资料；通过查阅资料，深入分析和了解企业有关决策过程，组织职能和部门的主要活动以及存在的主要问题；对目前存在的和计划中的信息系统有全面的了解。

第 4 步，定义业务过程。业务过程指的是企业管理中必要且逻辑上相关的，为了完成某种管理功能的一组活动。定义业务过程的目的是了解信息系统的工作环境以及建立企业的过程－组织实体间的关系矩阵，它是 BSP 方法的核心。

第 5 步，业务流程重组。它在业务过程定义的基础上，找出哪些过程是正确的；哪些过程是低效的，需要在信息技术支持下进行优化处理；哪些过程不适合计算机信息处理的特点，应当取消。

第 6 步，定义数据类。在总体规划中，把系统中密切相关的信息归成一类数据，称为数据类，如客户、产品、合同等。数据的分类主要应按业务过程进行。

第 7 步，定义信息系统总体结构。数据类和业务过程都被识别出来后，就可定义信息系统的总体结构。定义信息系统总体结构的目的是刻画未来信息系统的框架和相应的数据类，主要工作就是划分子系统，具体实现可以使用功能/数据类（U/C）矩阵。

第 8 步，确定总体结构中的优先顺序。由于资源的限制，系统的开发有个先后次序，不可能全面进行。划分子系统之后，根据企业目标和技术约束确定子系统实现的优先顺序。一般来讲，对企业贡献大的、需求迫切的、容易开发的优先开发。

第 9 步，形成最终研究报告。完成 BSP 研究的最终报告，整理研究成果，并且提出建议书和制订开发计划。

6.2.3　系统分析

系统分析是管理信息系统开发的第二个阶段，主要解决系统"能做什么"的问题。通过详细调查研究和需求分析，深入描述及研究现行系统的工作

羊群动态营养平衡
业务流程分析

流程及用户的各种需求，构思和设计用户比较满意的新系统逻辑模型，并且提出适当的计算机硬软件配置方案。系统分析阶段工作的深入与否直接影响新系统的设计质量和经济性，在整个系统开发过程中起着极其重要的作用。

（1）系统分析的任务。系统分析是在总体规划的指导下，对系统进行深入详细的调查研究，确定新系统逻辑观念的过程。系统分析阶段的主要任务是定义或制定新系统应该"做什么"的问题，而不涉及"如何做"。

1）了解用户需求。详细了解每个业务过程和业务活动的工作流程及信息处理流程，理解用户对信息系统的需求，包括对系统功能、性能等方面的需求，对硬件配置、开发周期、开发方式等方面的意向及打算。这部分工作要求用户配合系统分析人员完成，先由用户提出初步的要求，经系统分析人员对系统的详细调查，进一步完善系统的功能、性能要求，最终以系统需求说明书的形式将系统需求定义下来，这部分工作是系统分析的核心。

2）确定系统逻辑模型，形成系统分析报告。在详细调查的基础上，运用各类系统开发的理论、开发方法和开发技术，确定系统应具有的逻辑功能，再用适当的方法表示出来，形成系统逻辑模型。新系统的逻辑模型由一系列图表和文字组成，在逻辑上描述新系统的目标和具有的各种功能和性能，且以系统分析报告的形式表达出来，为下一步系统设计提供依据。

（2）系统分析具体包括以下五个步骤：

1）现行系统的详细调查。现行系统的详细调查是对被开发对象（系统）集中一段时间和人力，通过各种途径进行全面、充分和详细的调查研究，弄清现行系统的边界、组织机构、人员分工、业务流程、各种计划、单据和报表的格式、种类及处理过程等企业资源及约束情况，为系统开发准备好原始资料。

2）组织结构与业务流程分析。在详细调查的基础上用一定的图表和文字对现行系统进行描述。开发一个新系统应该看作对组织的一种有目的的改造过程，详细了解各级组织的职能和有关人员的工作职责、决策内容及对新系统的要求。业务流程的分析应当顺着原系统信息流动的过程逐步地进行，通过业务流程图详细描述各环节的处理业务及信息的来龙去脉。

3）系统数据流程分析。数据流程分析就是把数据在组织或原系统内部的流动情况抽象地独立出来，舍去具体组织机构、信息载体、处理工作、物资、材料等，仅从数据流动过程考察实际业务的数据处理模式。主要包括对信息的流动、传递、处理与存储的分析。

4）建立新系统逻辑模型。在系统调查和系统分析的基础上建立新系统逻辑模型，可用一组图表工具表达和描述，方便用户和分析人员对系统提出改进意见。

5）提出系统分析报告。系统分析阶段的成果就是系统分析报告。它是系统分析阶段的总结和向有关领导提交的文字报告，反映这个阶段调查分析的全部情况，是下一步系统设计的工作依据。

在运用上述步骤和方法进行系统分析时，调查研究将贯穿于系统分析的全过程。调查与分析经常交替进行，系统分析深入的程度将是影响管理信息系统成败的关键问题。

（3）结构化系统分析方法。结构化系统分析方法（Structured Analysis，SA）由美国Yourdon 公司提出，适用于分析大型的数据处理系统，是企事业管理信息系统开发的一种较流行的方法。它是在系统详细调查的基础上描述新系统逻辑模型的一种方法，常与设计阶段的结构化设计（Structured Design，SD）和系统实施阶段的结构化程序设计（Structured Programming，SP）等方法衔接起来使用。

1）结构化系统分析的基本概念。对于一个拟开发的复杂的管理信息系统，如何理解和表达它的功能呢？SA 方法使用自顶向下、逐层分解的方式，即由大到小、由表及里，逐步细化、逐层分解，直到能对整个系统清晰地理解和表达，其基本手段是"分解"和"抽象"。这是系统开发技术中控制复杂性的两种通用手段。图 6-9 是一个复杂系统的分解示意图，首先抽象出系统的基本模型 X，弄清它的输入和输出。为了理解它可以将其分解成 1，2，3，4，…，n个子系统；如果子系统 1 和 2 仍然很复杂，可以将其再分解成 1.1、1.2 等子系统；如此继续下去，直到子系统足够简单，能够清楚地被理解和表达为止。

2）结构化系统分析方法的实现。用 SA 方法进行系统分析可以通过数据流程图和数据字典来实现。数据流程图描述系统由哪些部分组成以及各部分之间的联系，它是理解和表达系统功能要求的关键工具；数据字典描述系统中的每个数据。数据流程图中出现的每个数据流名、每个文件名和每个加工名，在字典中都应当有一个条目给出其定义。

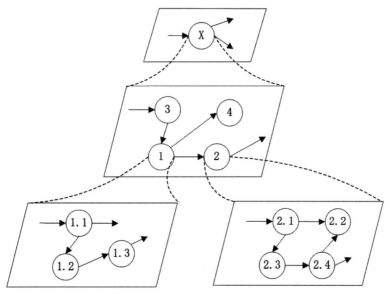

图 6-9　复杂系统的分解示意

（4）现行系统的详细调查。与系统规划阶段的现状调查和可行性分析相比，详细调查的特点是目标更加明确，范围更加集中，在了解情况和数据收集方面进行的工作更为广泛深入，对许多问题都要进行透彻的了解和研究。我们可采用的调查方法有开调查会、发放调查表征询意见、访问和直接参加业务实践等。

系统调查的内容十分广泛，涉及企业生产、经营、管理、资源与环境等各个方面，一般可从系统的定性调查和定量调查两个方面进行。

1）系统的定性调查。定性调查主要是对现有系统的功能进行总结，包括组织结构的调查、管理功能的调查、工作流程的调查、数据流程的调查、处理特点的调查与系统环境的调查等。

● 组织结构的调查。调查现行系统的组织机构、领导关系、人员分工和配备情况等，不仅可以了解现行系统的构成、业务分工，而且可以进一步了解人力资源，还可发现组织和人事等方面的不合理现象。

● 管理功能的调查。所谓功能，指的是完成某项工作的能力。为了实现系统目标，系统必须具有各种功能。各子系统功能的完成又依赖于下面更具体的功能的完成。管理功能的调查是要确定系统的这种功能结构。

● 工作流程的调查。不同系统有着不同的功能，它们进行着不同的处理。分析人员需要尽快熟悉业务，全面细致地了解整个系统各方面的业务流程，主要是为发现和消除业务流程中不合理的环节。

● 数据流程的调查。在业务流程的基础上舍去物质要素，对收集的数据及统计和处理数据的过程进行分析和整理，绘制原系统的数据流程图，为下一步分析做好准备。

● 处理特点的调查。调查处理特点是为确定合理有效的处理方式，需要紧密结合计算机处理方式和可能规模来完成。其内容包括数据汇集方式、使用数据的时间要求、现行处理方式和有无反馈控制等。

- 系统环境的调查。系统环境是指不直接包括在计算机信息系统之中，但对计算机系统有较大影响的因素的集合。环境不是设计的对象，但对设计有所影响和限制。环境调查的内容包括处理对象的数据来源、处理结果的输出时间与方式等。

2）系统的定量调查。定量调查的目的是弄清数据流量的大小、时间分布和发生频率，掌握系统的信息特征，据此确定系统规模，估计系统建设工作量，为下一阶段的系统设计提供科学依据。

- 收集各种原始凭证。通过这些凭证的收集，统计原始单据的数量，了解各种数据的格式、意义、产生时间、地点和向系统输入的方式，且对每张单据信息所占字节数做出估计，得出每月、每日、每时系统数据的流量。
- 收集各种输出报表。通过输出报表的收集，统计各种报表存储的字节数和印刷行数，分析其格式的合理程度。
- 统计各类数据的特征。通过对各类数据平均值、最大值、最大位数及其变化率等的统计，确定数据类型，重点弄清对系统影响大的静态数据的存储格式和存储量。
- 收集与新系统对比所需的资料。收集现行系统手工作业的各类业务工作量、作业周期、差错发生数等，供新旧系统对比时使用。

（5）组织结构与业务流程分析。

1）组织结构与管理功能分析。在系统详细调查的基础上，要对现行系统的组织结构及管理功能进行分析，主要有组织结构分析、组织与功能的关系分析及管理功能分析三部分内容。

- 组织结构分析。

企业组织结构分析主要根据系统调查的结果，给出企业的组织结构图。据此分析企业各部门间的内在联系，判断各部门的职能是否明确，是否真正发挥作用。根据同类型企业的国际、国内先进管理经验，对组织结构设置的合理性进行分析，找出存在的问题。根据计算机管理的要求，为决策者提供调整机构设置的参考意见。

- 组织与功能的关系分析。

组织结构图反映组织内部各部门之间的上下级及隶属关系，但对于组织内部各部门之间联系程度、各部门的主要业务职能及所承担的工作却反映不出来。借助组织/功能关系表，可将组织内各部门的主要业务职能、承担的工作及相互之间的业务关系清楚地反映出来，有助于后续的业务流程与数据流程的分析，见表6-1。

表6-1   组织/功能关系表

功能	组织													
	计划科	统计科	生产科	质量安全科	预算合同科	财务科	销售科	材料供应科	设备科	劳资科	人事科	行政科	保卫科	……
计划	●	√	○				○	○						
销售		√		√		○	●							
供应	√		○					●						
人事										○	●	√	√	

续表

功能	组织													
	计划科	统计科	生产科	质量安全科	预算合同科	财务科	销售科	材料供应科	设备科	劳资科	人事科	行政科	保卫科	……
生产	√	√	●	○	○		√	○	○					
设备更新			√	√				○	●					
……														

注："●"表示该项功能是对应组织的主要功能（主持工作的单位）；
　　"○"表示该单位是参加协调该项功能的单位；
　　"√"表示该单位是参加该项功能的相关单位。

- 管理功能分析。

为了实现目标，系统必须具有一定的功能。功能要以组织结构为背景识别和分析，因为每个组织都是一个功能机构，都有各自不同的功能。以组织结构图为背景分析清楚各部门的功能后，分层次将其归纳与整理，形成各层次的功能结构图；然后自上而下逐层归纳与整理，形成以系统目标为核心的整个系统的功能结构图。某企业经营管理功能结构示意如图 6-10 所示。

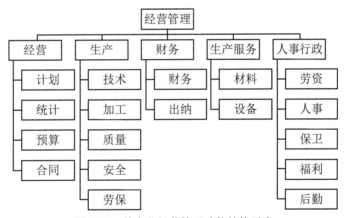

图 6-10　某企业经营管理功能结构示意

2）业务流程分析。业务流程分析是在管理功能分析的基础上将其细化，利用系统调查的资料将业务处理过程中每个步骤，用一个完整的图形将其连接起来。业务流程分析的主要任务是调查系统中各环节的管理业务活动，掌握管理业务的内容、作用及信息的输入、输出、数据存储和信息的处理方法及过程等，为建立管理信息系统数据模型和逻辑模型打下基础。

业务流程图是掌握现行系统状况、确立系统逻辑模型不可缺少的重要工具，是业务流程调查结果的图形化表示。它反映了现行系统各机构的业务处理过程和它们之间的业务分工与联系以及连接各机构的物流、信息流的传递和流通关系，体现现行系统的界限、环境、输入、输出、处理和数据存储等内容，通过业务流程图的绘制，可以发现问题，分析不足，优化业务处理过程。

业务流程图的图例如图 6-11 所示，画图时符号的内部解释可直接用文字标于图上。

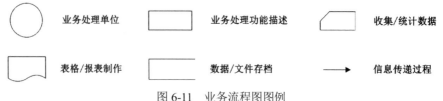

图 6-11　业务流程图图例

业务流程图的绘制并无严格的规则，只需简明扼要地如实反映实际业务的过程即可。图 6-12 给出某企业羊群动态营养平衡业务流程图。

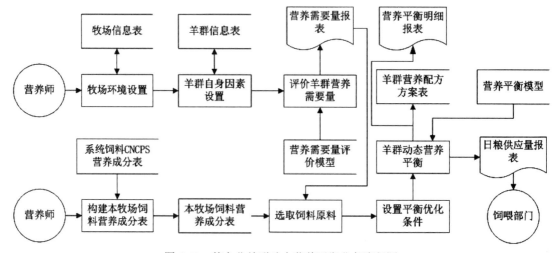

图 6-12　某企业羊群动态营养平衡业务流程图

（6）系统数据流程分析。数据流程分析是把数据在原系统内部的流动情况抽象地独立出来，单从数据流动过程考查实际业务的数据处理模式。数据流程分析主要包括对信息的流动、传递、处理、存储等的分析。其目的是要发现和解决数据流通中的问题，如数据流程不畅、前后数据不匹配、数据处理过程不合理等。

数据流程分析可以按照自顶向下、逐层分解、逐步细化的结构化分析方式进行，通过分层的数据流程图实现。

数据流程图运用数据流、文件、加工等概念，描述系统的各个处理环节及处理环节之间信息的传递关系，直观地反映该系统的各个组成部分和不同组成部分之间的相互关系。数据流程图有四个基本组成元素，它们的代表符号及名称如图 6-13 所示。

图 6-13　数据流程图图例

数据流程图的形成过程也就是系统分析的过程。由基本数据系统模型加外部项构成顶层数据流程图,然后逐步分解加工,得到下一层数据流程图。这种分解工作不断进行,直至最终获得的每个加工和每个文件都能使用计算机处理的底层数据流程图。在进行数据流程图的分解过程中逐步形成多层数据流程图。分解的过程以计算机处理环境为背景,而不注重原系统的加工处理方法,重点考虑新建立的系统能否产生使用者需要的输出信息。图 6-14 给出某企业羊群动态营养平衡数据流程图。

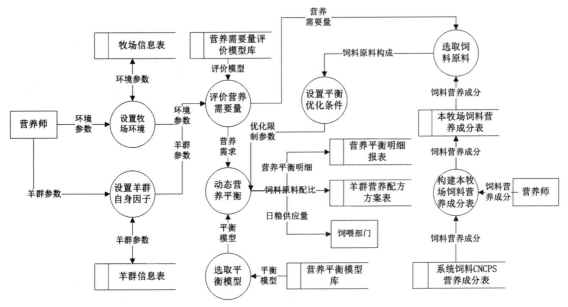

图 6-14　羊群动态营养平衡数据流程图

数据字典是关于数据信息的集合,是在数据流程图的基础上,对其中出现的每个数据流、加工、文件和数据项、外部项进行定义的工具。其作用是在软件分析和设计的过程中,提供关于数据的描述信息。

数据流程图和数据字典共同构成系统的逻辑模型。数据流程图是系统的大框架,反映数据在系统中的流向以及数据的转换过程,而数据字典是对数据流程图中每个成分的精确描述,没有数据字典,数据流程图就不严格;没有数据流程图,数据字典也难于发挥作用。只有数据流程图和对数据流程图中每个元素的精确定义放在一起,才能共同构成系统的逻辑模型。

数据流程图中出现的每个数据流名、文件名、加工名和外部项名等在数据字典中都对应有一个条目给出其定义。在定义数据流、文件和加工时,又要引用它们的组成部分(数据项),所以每个数据项在数据字典中也应有一个条目给出它们的定义。下面结合数据流程图的实例,介绍数据字典的条目。

1)数据流条目。数据流条目主要说明数据流是由哪些数据项组成的,包括数据流编号、名称、来源、去处、组成与单位时间内的流量等,见表 6-2。

表 6-2　数据流条目

编号	名称	来源	去处	组成	流量	说明
D1	环境参数	营养师	①设置牧场环境 ②牧场信息表 ③评价营养需要量 ④动态营养平衡	牧场编号 牧场名称 牧场类型 饲养方式 地址 上月日平均环境温度 当月日平均环境温度 降雨量 风速		

2）加工条目。通常，最底层数据流程图中的每个加工恰好是系统所要完成的一个具体功能，对于这个具体的处理逻辑的表达是比较复杂的问题。一般采用判断树、判断表、结构式语言等来描述，但要把这些内容全部定义在数据字典中是不可能的，只能给予简单的描述。当系统设计阶段系统的模块结构确定后，再根据模块和加工的关系，参照此条目加以详细描述。加工条目主要描述该加工的输入、处理逻辑和输出等内容，见表 6-3。

表 6-3　加工条目

编号	名称	输入	处理逻辑	输出
P1	设置环境参数	已有的环境参数	从牧场信息表中读取上次营养平衡的环境参数，并在此基础上设置最新的环境参数	最新的环境参数

3）文件条目。文件也称数据存储条目，用来对文件进行定义，一般由表 6-4 中所列项目构成。

表 6-4　文件条目

编号	名称	输入数据流	输出数据流	组成	组成形式
F1	牧场信息表	环境参数	环境参数	与表 6-2 中环境参数相同	按牧场编号排序

4）数据项条目。数据项条目是对数据流、文件和加工中所列数据项的进一步描述，主要说明数据项类型、长度与取值范围等，其格式见表 6-5。

表 6-5　数据项条目

数据编号	名称	数据类型	长度	取值范围
0001	原料编号	字符型	15	
0002	原料名称	字符型	40	20 个汉字

5）外部项条目。一个系统的外部项应该是很少的，如果外部项过多，则说明系统缺少独立性，其格式见表 6-6。

表 6-6　外部项条目

编号	名称	简述	输出数据流	输入数据流
01	营养师	设置动态营养平衡的外部环境参数、羊群自身因素参数和选取饲料原料、设置优化条件进行营养平衡运算	环境参数 羊群参数 饲料营养成分	
02	饲喂部门	根据营养平衡的结果日粮供应量，组织羊群的喂养		日粮供应量

按上述条目对数据流程图中的所有组成部分进行定义，就可获得一套完整的数据字典资料，配合数据流程图即构成系统分析报告的核心部分，再附以相应的说明，为系统设计提供重要的基础资料。

（7）建立新系统逻辑模型。通过系统调查对现行系统的业务流程、数据流程、处理逻辑等进行深入的分析后，就应提出系统建议方案，即建立新系统逻辑模型。建立新模型是系统分析中重要的任务之一，它是系统分析阶段的重要成果，也是下个阶段系统设计工作的主要依据。借助系统逻辑模型可以有效地确定系统设计所需的参数，确定各种约束条件；还可预测各个系统方案的性能、费用和效益，以利于各种方案的比较分析。新系统方案主要包括新系统目标、新系统的业务处理流程、数据处理流程、新系统的总体功能结构及子系统的划分及功能结构，是上述分析结果的综合体现。

1）新系统目标。新系统目标可从功能、技术及经济三个方面考虑。系统功能目标是指系统所能处理的特定业务和完成这些处理业务的质量，也就是系统能解决什么问题，以什么水平实现；系统技术目标是指系统应当具有的技术性能和应达到的技术水平，通过一些技术指标，如系统运行效率、响应速度、存储能力、可靠性、灵活性、操作使用方便性及通用性等给出；系统的经济目标是指系统开发的预期投资费用和经济效益。

2）新系统信息处理方案。新系统的信息处理方案就是上述各项分析和优化的结果。

● 确定合理的业务处理流程。

将业务流程分析的结果表现出来，删去或合并多余或重复的处理过程，对优化和改动的业务处理过程进行说明，指出业务流程图中哪些部分计算机可以完成，哪些需要用户配合新系统完成。

● 确定合理的数据处理流程。

在此列出数据流程分析的结果并且加以说明，由用户最终确认，包括数据分析结果及数据流程图和数据词典。同时，说明删去或合并哪些多余或重复的数据处理过程，对哪些数据处理过程进行了优化和改动。

● 确定新系统功能结构和子系统的划分。

可通过 U/C 矩阵的建立和分析来实现。U/C 矩阵是一种聚类分析法，不但适用于功能/数据分析，也适用于过程/数据、功能/组织等其他各方面的管理分析。功能/数据分析的 U/C 矩阵可以通过一个普通的二维表分析汇总数据。表的横坐标栏目定义为数据类变量（X），纵坐标栏目定义为该系统的具体功能，亦即业务过程类变量（Y），将数据和业务过程之间的关系

（X_i 和 Y_i 之间的关系）用 U（使用 Use）和 C（建立 Create）表示。从理论上讲，建立 U/C 矩阵一般须按结构化的系统分析方式进行，即首先分析系统的总体功能，然后自顶向下、逐步分解，逐一确定各项具体的功能和完成此项功能所需要的数据，最后填上功能与数据之间的关系，即完成 U/C 矩阵的建立过程。

根据子系统划分应当相对独立且内聚性高的原则，通过 U/C 矩阵的聚类求解实现系统结构划分的优化过程。这一过程可以通过表上作业来完成，即调换表中的行变量或列变量，使表中的 C 元素尽量靠近 U/C 矩阵的对角线，然后，再以 C 元素为标准划分子系统。这样划分可以确保子系统不受干扰地独立运行，实现系统的独立性和凝聚性。

● 确定新系统数据资源分布。

给出新系统数据资源分布方案，即哪些存储在本系统内部设备上，哪些是在网络服务器或主机上。

● 确定新系统中的管理模型。

确定在某一具体管理业务中采用的管理模型和处理方法。

（8）系统分析报告。系统分析报告是系统分析阶段的成果，反映这个阶段调查分析的全部情况，全面总结系统分析工作，是下一步系统设计与实现系统的纲领性文件。一份好的系统分析报告应该充分展示前段调查的结果，还要反映系统分析的结果，即新系统的逻辑方案，并且提出新系统的设想。系统分析报告的内容包括如下五点。

1）现行系统情况简述。现行系统情况简述主要是对分析对象的基本情况进行概括性的描述。它包括现行系统的主要业务、组织机构、存在的问题和薄弱环节，现行系统与外部实体之间物资及信息的交换关系，用户提出开发新系统请求的主要原因等。

2）新系统目标。新系统的总目标是什么，其目标如何；新系统拟采用什么样的开发战略和开发方法；人力、资金以及计划进度安排；新系统计划实现后，各部分应该完成什么样的功能；某些指标预期达到什么样的程度；有哪些工作是现行系统没有而计划在新系统中增补的，等等。

3）现行系统状况。现行系统状况主要用两个流程图描述，即现行系统业务流程图和现行系统数据流程。

4）新系统的逻辑方案。这部分主要反映系统分析的结果和对今后建造新系统的设想。它主要包括以下内容：

● 系统的结构以及系统所涉及的范围，包括新系统的功能结构和子系统划分。

● 数据流程图的进一步说明——说明新系统与现行系统在界限、处理功能、数据流和数据存储等方面有哪些主要变化，重点是计算机处理和数据存储部分。

● 数据组织形式——说明新系统采用文件组织形式还是数据库组织形式。

● 输入和输出的要求——这部分也是系统与环境的接口——反映对输入/输出的种类，形式和要求等做一般说明，详细内容将在系统设计阶段考虑。

● 新系统计算机软、硬件初步配置方案。

● 与新系统相配套的管理制度和运行体制的建立。

5）新系统开发费用与时间进度估算。为使有关领导在阶段审查中获得更多关于开发费用和工作量的信息，需要对费用和时间进行初步估算。

一旦报告被批准，它就成为一个具有约束力的指导性文件，成为下一阶段系统设计的依据，用户和开发小组都不能随意改动。

6.2.4　系统设计

系统设计是管理信息系统开发的第三个阶段，主要解决系统"怎么做"的问题。其目标是进一步实现系统分析阶段提出的系统模型，详细确定新系统的结构、应用软件的研制方法及内容。系统设计一般按照从概要设计到详细设计，从粗到细、从总体到局部的过程进行。

（1）系统概要设计。系统概要设计是根据系统分析所得到的系统逻辑模型——数据流程图和数据字典，借助一套标准化的图、表工具，导出系统的功能模块结构图。根据系统分析的结果——系统分析说明书所描述的系统目标、功能、环境和约束条件，确定合适的计算机处理方式和计算机总体结构及系统配置。

1）功能模块设计。功能模块设计主要采用结构化设计（SD）方法。该方法适用于任何软件系统的软件结构设计。SD 方法通常与系统分析阶段的 SA 方法衔接起来使用，借助 SA 方法得到用数据流程图和数据词典描述的系统分析报告，SD 方法则以数据流程图为基础得到软件的模块结构。

SD 方法的基本思想是将系统设计成由相对独立、单一功能的模块组成的结构，从而简化研制工作，防止错误蔓延，提高系统的可靠性。在这种模块结构中，模块之间的调用关系非常明确与简单，每个模块可以单独地被理解、编写、调试、查错与修改。模块结构整体上具有较高的正确性、可理解性与可维护性。

SD 方法采用图形表达工具——模块结构图。在从数据流程图导出初始模块结构图时采用一组基本的设计策略——变换分析与事务分析；在对初始模块结构图改进和优化方面有一组基本的设计原则——耦合小、内聚大，以及一组质量优化技术。

模块结构图是描述系统结构的图形工具，它由六种基本符号组成，如图 6-15 所示。羊群动态营养平衡系统的模块结构图如图 6-16 所示。

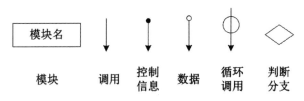

图 6-15　模块结构图的基本符号

2）系统平台设计。管理信息系统是以计算机科学与技术为基础的人机系统。管理信息系统平台是管理信息系统开发与应用的基础。管理信息系统平台设计包括计算机处理方式，网络结构设计，网络操作系统的选择，数据库管理系统的选择等软、硬件选择与设计工作等。

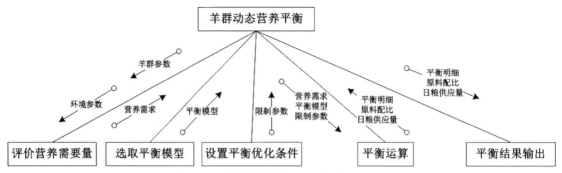

图 6-16　羊群动态营养平衡系统模块结构图

●　按管理信息系统的目标选择系统平台。

单项业务系统——常用各类 PC，数据库管理系统作为平台。

综合业务管理系统——以计算机网络为系统平台，如 Novell 网络和关系型数据库管理系统。

集成管理系统——OA、CAD、CAM、MIS、DSS 等综合而成的一个有机整体，综合性更强，规模更大，系统平台也更复杂，涉及异型机、异种网络、异种库之间的信息传递和交换。在信息处理模式上常采用客户/服务器（Client/Server）模式或浏览器/服务器（Browser/Server）模式。

●　计算机处理方式的选择和设计。

计算机处理方式可以根据系统功能、业务处理的特点，性能/价格比等因素，选择批处理、连机实时处理、连机成批处理、分布式处理等方式。在一个管理信息系统中也可以混合使用各种方式。

●　计算机网络系统的设计。

计算机网络系统的设计主要包括中、小型主机方案与微机网络方案的选取，网络互连结构及通信介质的选型，局域网拓扑结构的设计，网络应用模式及网络操作系统的选型，网络协议的选择，网络管理，远程用户等工作。有关内容请参考计算机网络的技术书籍。

●　数据库管理系统的选择。

数据库管理系统选择的原则是支持先进的处理模式，具有分布处理数据、多线索查询、优化查询数据、联机事务处理的能力；具有高性能的数据处理能力；具有良好图形界面的开发工具包；具有较高的性能/价格比；具有良好的技术支持与培训。普通的数据库系统有 FoxPro、Clipper 和 Paradox 等。大型数据库系统有 Microsoft SQL Server、Oracle Server、Sybase SQL Server 和 Informix Server 等。

●　软硬件选择。

根据系统需要和资源约束，进行计算机软、硬件的选择。计算机软件、硬件的选择，对于管理信息系统的功能具有很大影响。大型管理信息系统软件、硬件的采购可以采用招标等方式进行。

硬件的选择原则包括选择技术上成熟可靠的标准系列机型，处理速度快，数据存储容量大，具有良好的兼容性，可扩充性与可维修性，有良好的性能/价格比，厂家或供应商的技术服务与售后服务好，操作方便，在一定时间内保持一定的先进性的硬件。

软件的选择包括操作系统、数据库管理系统、汉字系统、设计语言和应用软件包等。

随着计算机科学与技术的飞速发展，计算机软件、硬件的升级与更新速度也很快，新系统的建设应当尽量避免先买设备，再进行系统设计的情况。

（2）系统详细设计。系统的详细设计是系统概要设计的深入，是由总体到局部，再由局部到总体的反复优化过程。详细设计主要包括代码设计、划分子系统、输出设计、输入设计、数据库设计、处理过程设计、制定设计规范及编写系统设计报告等。

1）代码设计。代码是指代表事物名称、属性、状态等的符号，它以简短的符号形式代替具体的文字说明。代码设计是一项关系全局的工作。如果系统开发完成，发现代码设计不合适或不符合国家标准，小修改会引起程序的变化，大修改则需要重新建立文件甚至导致数据混乱，不修改则影响系统的扩展性、通用性及与其他系统的连接。因此，在代码设计时要考虑唯一性、通用性、可扩展性、简洁性、系统性和易修改性六条基本原则。

2）划分子系统。在系统分析阶段使用的 SA 方法贯彻了化整为零、逐层分解、各个击破的思想。因此，从系统分析阶段开始进行系统划分的工作。将系统划分成若干子系统，再把子系统划分为若干模块。每个子系统或模块，无论设计还是调试、修改或扩充，基本上可以互不干扰地进行。

子系统的划分一般有按功能划分和采用系统输入/输出图的方式划分两种方法。

● 按功能划分子系统。

这种方法考虑三个因素：子系统在功能上应有相对的独立性；子系统在数据上应有较好的数据完整性；子系统在规模上应有一定的适中性，可以根据功能独立性、数据完整性综合考虑。

● 采用系统输入/输出图划分子系统。

这是指按系统输入/输出的独立性划分子系统。图 6-17 是一个系统输入/输出图。它的第一行标题栏中填写各种输出报告的名字，左列标题栏从上到下列出全部输入文件的名字，中间格子填写"×"号，表示输出文件来自哪个输入文件。

利用输入/输出图可把系统分解为各个子系统。由图 6-17 可以看出，该系统共包含两个子系统，其中 ACD-245 构成一个子系统，BE-136 构成另一个子系统。在这两个子系统之间，输入/输出不发生关系，因此可以独立开发和维护。

输入	输出					
	1	2	3	4	5	6
A		×		×	×	
B	×					×
C				×		
D		×			×	
E	×		×			

图 6-17　系统输入/输出图

3）输入与输出设计。

● 输出设计。

系统的输出最终提供用户是系统的目标。因此要先考虑输出设计，为了得到输出才需要一些相应的输入，所以后考虑输入设计。输出设计所要解决的问题是针对不同用户的特点和要求，以最适当的形式，输出最切合需要的信息。输出设计的主要内容有输出方式的选择、输出报表的设计及输出设计说明等。

系统的输出方式根据输出信息的使用要求、信息量的大小、输出设备的限制等条件来决定。例如，系统最终输出的信息一般采用打印机或绘图仪等设备，以图表或文件的形式输出，或通过通信网络传给其他系统。作为中间结果输出的信息，则可采用磁性介质，如磁盘等以磁文件的形式输出。对于一些输出内容不多，又无需保存的检索信息，可采用屏幕显示的方式输出，在需要时也可采用声音输出方式。

报表内容根据使用人员的实际需要进行设计。对不同的用户，应当提供详细程度不同、内容不同的报表。输出报表的格式应当尽量满足用户的使用要求和习惯，同时注意标准化。

输出设计说明包括选用的输出设备、信息输出的频率和数量、各种输出文件及输出报表的格式及表格样本等。详细的输出设计说明有利于程序员编写程序。

● 输入设计。

作为第一步，输入设计在保证输入数据的正确性，提高数据处理的效率和质量方面非常重要。输入设计的目标是在保证输入信息正确和满足输出需要的前提下，做到输入方法简便、迅速与经济。输入设计的主要工作包括输入方式的选择、输入格式的设计和数据校验。

不同的数据类型可能使用不同的输入方式或采用多媒体的输入技术。一类输入数据是从数据产生地收集来的原始数据，另一类输入数据是经计算机处理产生后存入磁介质，或由其他计算机信息系统传输到本系统作为再次输入的数据。这里侧重讨论原始数据的输入。其输入方式根据数据产生的地点、时间、周期、数量及特性，处理要求等确定。常用的输入方式有键盘输入、光电设备输入和声音输入等三种方式。

原始数据的获得需要考虑数据产生的部门，确定收集的时间和方法；了解数据产生的周期、平均发生量及最大量。为了便于操作人员输入和减小错误率，输入格式一般与单据格式一致，或者设计专门的输入记录单，按屏幕填表或对话方式输入数据。

数据校验分为由人工直接校验的静态方法和由计算机程序校验的动态方法两大类。每类又有许多具体的校验法，这些方法可以单独使用，也可组合使用。常用的校验方法有静态校验、声音校验、词典校验、格式校验、逻辑校验、界限校验、顺序校验、记录计数校验和平衡校验等。

4）数据库设计。数据库设计是在选定的数据库管理系统基础上，建立数据库的过程。数据库设计除用户需求分析外，还包括概念结构设计、逻辑结构设计和物理结构设计三个阶段。由于数据库系统已形成一门独立的学科，所以，当把数据库设计原理应用到管理信息系统开发中时，数据库设计的几个步骤就与系统开发的各个阶段相对应，且融为一体。数据库设计与系统开发阶段对照如图6-18所示。

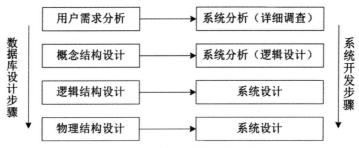

图 6-18 数据库设计与系统开发阶段对照

数据库设计的具体步骤参考 5.4 节。

5）处理过程设计。利用前面介绍的 SD 方法，可以完成系统总体模块结构的设计，每个模块完成的具体操作，则在处理过程设计中完成。处理过程设计的成果表现为为每个模块编制一个输入－处理－输出图，即 IPO 图，它是程序设计的主要依据。

● IPO（Input-Process-Output）图。

IPO 图是由 IBM 公司发起并且逐渐完善起来的一种工具。在由系统分析阶段产生数据流程图，经转换和优化形成系统模块结构图的过程中，产生大量的模块，开发者应为每个模块写一份说明。IPO 图就是用来表述每个模块的输入、输出和数据加工的重要工具。常用系统的 IPO 图的结构如图 6-19 所示。

IPO 图编号（即模块编号）：C.5.5.8			
数据库设计文件编号：C.3.2.2，C.3.2.3		编码文件号：C.2.3	编程要求文件号：C.1.1
模块名称：评价营养需求量	设计者：×××	使用单位：×××	编程要求：JAVA
输入部分（I）	处理描述（P）		输出部分（O）
上组模块送入的羊群参数 上组模块送入的环境参数 从营养需求量评价模型库选取的评价模型 ……	核对羊群参数与环境参数 利用选取的评价模型计算羊群营养需求 …… 处理过程： 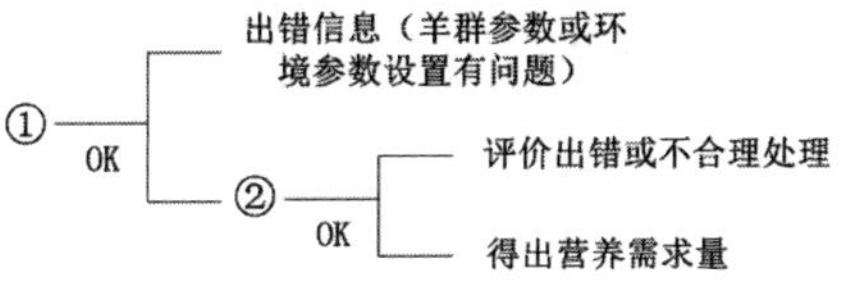 ① OK ② OK 出错信息（羊群参数或环境参数设置有问题） 评价出错或不合理处理 得出营养需求量		将得到的营养需求送到上级模块 ……

图 6-19 常用系统的 IPO 图

IPO 图的主体是处理过程说明。为简明准确地描述模块的执行细节，可以采用判定表、判定树、问题分析图、控制流程图及过程设计语言等工具进行描述。

IPO 图中的输入/输出来源或终止于相关模块、文件及系统外部项，并需在数据字典中描述。局部数据项是指本模块内部使用的数据，与系统的其他部分无关，仅由本模块定义、存储和使用。注释是对本模块有关问题做必要的说明。IPO 图不仅在开发阶段作为编写程序之用，在运行阶段也可作为修改和维护程序之用，因此，IPO 图是系统设计中一种重要的文档资料。

- 几种基本的处理过程（程序模块）。

一个管理信息系统的软件由很多程序模块组成。这些程序模块可按处理过程归纳成几种基本的类型，包括控制模块，输入及校验模块，编辑模块，修改、更新模块，分类合并模块，计算模块，查询、检索模块，预测、优化模块和输出模块等，其结构如图6-20所示。

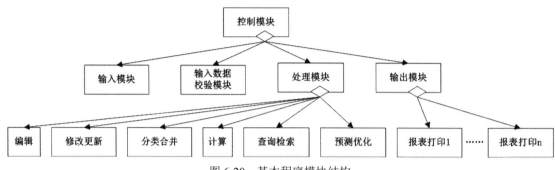

图 6-20　基本程序模块结构

6）系统设计说明书。系统设计说明书是系统设计阶段的主要成果，是新系统的物理模型，也是系统实施的重要依据。

- 概述。这包括系统的功能、设计目标及设计策略；项目开发者、用户、系统与其他系统或机构的联系；系统的安全和保密限制。
- 系统设计规范。这包括程序名、文件名及变量名的规范化和数据字典。
- 计算机系统的配置。这包括硬件配置：主机、外存、终端与外设、其他辅助设备和网络形态；软件配置：操作系统、数据库管理系统、语言、软件工具、服务程序和通信软件；计算机系统的分布及网络协议文本。
- 系统结构。这包括系统的模块结构图和各个模块的 IPO 图。
- 代码设计。这包括各类代码的类型、名称、功能、使用范围及要求等。
- 输入设计。这包括各种数据输入方式的选择、输入数据的格式设计和输入数据的校验方法。
- 输出设计。这包括输出介质和输出内容及格式。
- 文件（数据库）设计。这包括数据库总体结构（各文件数据间的逻辑关系）；文件结构设计（各类文件的数据项名称、类型及长度等）；文件存储要求，访问方法及保密处理。
- 模型库和方法库设计。这包括关于模型库和方法库设计的相关说明。
- 系统安全保密性设计。这包括关于系统安全保密性设计的相关说明。
- 系统实施方案及说明。这包括实施方案、进度计划和经费预算等。

6.2.5　系统实施与运行管理

当系统分析和系统设计完成之后，系统工作的重点就从创造性思考的阶段转入具体的实践性阶段。系统实施阶段的主要内容包括程序设计、系统调试、系统转换、维护与评价。

（1）程序设计。程序设计的主要依据是系统设计阶段的 IPO 图和数据库结构。程序调试设计的目的就是要用计算机程序语言来实现系统设计中的每一个细节。有关程序设计的方法、技术等各种计算机程序语言书中都有详细的介绍，这里不再复述。

1）程序设计方法。目前程序设计的方法大多是按照结构化方法、原型方法、面向对象的方法进行。而且我们也推荐这种充分利用现有软件工具的方法，因为这样做不但可以减轻开发的工作量，而且还可以使得系统开发过程规范、功能强、易于维护和修改。

● 结构化程序设计方法。

这种程序设计方法按照 IPO 图的要求，用结构化的方法来分解内容和设计程序。在结构化程序设计方法的内部强调的是自顶向下地分析和设计，而在其外部又强调自底向上地实现整个系统。这是当今程序设计的主流方法。

对于一个分析和设计都非常规范，且功能单一又规模较小的模块来说，强调这种方法意义不大。但若遇到某些开发过程不规范，模块划分不细，或者是因特殊业务处理的需要模块程序量较大时，结构化程序设计方法是一种非常有效的方法。结构化的程序设计方法主要强调三点：模块内部程序各部分要自顶向下地结构化划分；各程序部分应按功能组合；各程序部分的联系尽量使用调子程序（CALL-RETURN）方式，不用或少用 GO TO 方式。

● 速成原型式的程序开发方法。

它在程序设计阶段的具体实施方法是，首先将 IPO 图中类似带有普遍性的功能模块集中。如菜单模块、报表模块、查询模块、统计分析和图形模块等。这些模块几乎是每个子系统都必不可少的。然后再去寻找有无相应、可用的软件工具，如果没有则可以考虑开发一个能够适合各子系统情况的通用模块，然后用这些工具生成这些程序模型原型。如果 IPO 图中有一些特定的处理功能和模型，而这些功能和模型又是现有工具不可能生成出来的，则再考虑编制一段程序加进去。利用现有的工具和原型方法可以很快地开发出所要的程序。

● 面向对象程序设计方法。

面向对象程序设计方法一般应与 OOD 所设计的内容相对应，这是一个简单直接的映射过程。即将 OOD 中所定义的范式直接用面向对象程序（OOP）取代即可。

2）衡量编程工作的指标。衡量编程工作质量的指标是多方面的，这些指标随着系统开发技术和计算机技术的发展也要不断地变化。从目前技术的发展来看，衡量编程工作质量的指标大致有可靠性、规范性、可读性和可维护性四个方面。

（2）程序的调试。程序的调试就是要在计算机上以各种可能的数据和操作条件对程序进行试验，找出存在的问题加以修改，使之完全符合设计要求。在大型软件的研制过程中调试工作的比重是很大的，一般占 50%左右。对于程序的调试工作应给予充分的重视。

1）程序调试的方法主要有以下几种：

● 黑箱测试。即不管程序内部是如何编制的，只是从外部根据 IPO 图的要求对模块进行测试。

● 数据测试。即用大量实际数据进行测试。数据类型要齐备，各种"边值""端点"都应该调试到。

- 穷举测试。亦称完全测试，即程序运行的各个分支都应该调试到。
- 操作测试。即从操作到各种显示、输出应全面检查，检查是否与设计要求相一致。
- 模型测试。即核算所有计算结果。

2）程序调试的主要步骤。

- 模块调试。按上述要求对模块进行全面的调试（主要是调试其内部功能）。
- 分调。由程序的编制者对本子系统有关的各模块实行联调，以考查各模块外部功能、接口以及各模块之间调用关系的正确性。
- 联调。各模块、各子系统均经调试准确无误后，就可进行系统联调。联调是实施阶段的最后一道检验工序。联调通过后，即可投入程序的试运行阶段。

实践证明这种分步骤的调试方法是非常奏效的。它得益于结构化系统设计和程序设计的基本思想。在其操作过程中自身形成了一个个反馈环，由小到大，通过这些反馈较容易发现编程过程中的问题，及时进行修正，如图 6-21 所示。

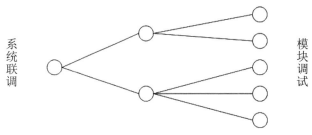

图 6-21　程序调试的主要步骤

（3）系统转换。系统转换是指用新的信息系统代替原有系统的一系列过程，其最终目的是将信息系统完全移交用户使用。为使新系统能按预期目标正常运行，对用户进行必要的培训是系统转换前的一项重要工作。

1）人员培训。管理信息系统的正常运行需要用户单位很多人参与。他们熟悉或精通原来的手工处理过程，但缺乏计算机处理的有关知识。为了保证新系统的顺利使用，必须提前培训用户单位的有关人员。需要对用户进行培训的人员主要有以下三类：

- 事务管理人员。

对用户有关事务管理人员的培训，得到他们的理解和支持是新系统成功运行的重要条件。对用户的事务管理人员（或主管人员）的培训主要有以下内容：新系统的目标与功能；系统的结构及运行过程；对企业组织机构、工作方式等产生的影响；采用新系统后，对职工必须学会新技术的要求；今后如何衡量任务完成情况。

- 系统操作员。

系统操作员是管理信息系统的直接使用者。统计资料表明，管理信息系统在运行期间发生的故障，大多数是由于使用方法错误而造成的。所以，对用户系统操作员的培训应该是人员培训工作的重点。对用户系统操作员的培训主要有以下内容：必要的计算机硬件、软件知识；键盘指法、汉字输入等训练；新系统的工作原理；新系统输入方式和操作方式的培训；简单出错的及时处置知识；运行操作注意事项。

- 系统维护人员。

对用户的系统维护人员来说，除了要求具有较好的计算机硬件、软件知识外，必须对新系统的原理和维护知识有较深刻的理解。在较大的企业或部门中，系统维护人员一般由计算机中心或计算机室的计算机专业技术人员担任。对于用户系统维护人员培训的最好途径，是让他们直接参与系统的开发工作。这样有助于他们了解整个系统，为维护工作打下良好的基础。

2）基础数据准备。按照系统分析所规定的详细内容，组织和统计系统所需的数据。基础数据准备包括以下几方面的内容：

- 基础数据统计工作要严格科学化，具体方法要程序化、规范化。
- 计量工具、计量方法、数据采集渠道和程序都应该固定，以确保新系统运行有稳定可靠的数据来源。
- 各类统计和数据采集报表要标准化、规范化。

3）系统切换。系统切换是指系统开发完成后新老系统之间转换，系统切换有三种方式，如图 6-22 所示。

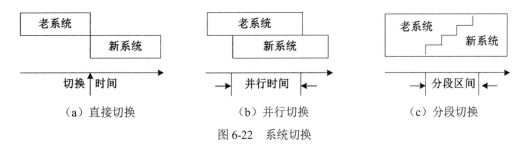

图 6-22 系统切换

- 直接切换。直接切换就是在确定新系统运行准确无误时，立刻启用新系统，终止老系统运行。这种方式很节省人员和设备费用，一般适用于一些处理过程不太复杂，数据不很重要的场合。其示意如图 6-22（a）所示。
- 并行切换。这种切换方式是新老系统并行工作一段时间，经过一段时间的考验以后，新系统正式替代老系统，其示意如图 6-22（b）所示。
- 分段切换。又叫向导切换，这种切换方式实际上是以上两种切换方式的结合。在新系统正式运行前，一部分一部分地替代老系统。其示意如图 6-22（c）所示。

4）系统维护。系统维护是指新的信息系统运行以后，为了改正错误或满足新的需要而修改系统的过程。根据维护活动的目的不同，可把系统维护分为改正性维护、适应性维护、完善性维护和预防性维护。系统维护的具体内容包括程序维护、数据维护、代码维护和设备维护等四个方面。

5）系统评价。信息系统在投入运行后要不断地对其运行状况进行分析评价，并以此作为系统维护，更新以及进一步开发的依据。系统运行评价指标一般有以下三种：

- 预定的系统开发目标的完成情况。

这是指对照系统目标和组织目标检查系统建成后的实际完成情况。具体包括企业科学管理支持度；各级管理人员的满意度；用户成本（人、财、物）控制度；开发工作和开发过程规范度；功能与成本比控制度；系统的可维护性、可扩展性、可移植性；系统内部各种资源利用率。

● 系统运行实用性评价。

这主要包括系统运行稳定性、可靠性；系统的安全保密性；用户对系统操作、管理、运行状况的满意度；系统对误操作保护和故障恢复的处理性能；系统功能的实用性和有效性；系统运行结果对组织各部门的生产、经营、管理、决策和提高工作效率等的支持度；系统分析、预测和控制的建议有效性；系统运行结果的科学性和实用性。

● 设备运行效率的评价。

这主要包括设备运行效率；数据传送、输入、输出与其加工处理速度的匹配度；各类设备资源的负荷平衡度和利用率。

课后练习

一、选择题

1. 关键成功因素法是（　　）阶段使用的方法。

　　A. 系统规划　　　　B. 系统分析　　　　C. 系统设计　　　　D. 系统实施

2. 反映信息在系统中的流动、处理和存储情况的流程图是（　　）。

　　A. 数据流程图　　B. 业务流程图　　C. 模块结构图　　D. 表格分配图

3. 逻辑模型是管理信息系统开发中（　　）阶段产生的。

　　A. 系统规划　　　　B. 系统分析　　　　C. 系统设计　　　　D. 系统实施

4. 在系统分析中，常用以下（　　）工具描述处理逻辑。

　　A. 物理模型　　　　B. 数据模型　　　　C. 判定树　　　　D. 数据库

5. 描述信息系统逻辑模型的主要工具是（　　）。

　　A. 业务流程图　　B. 组织机构图　　C. 数据流程图　　D. 系统流程图

6. 新系统取代旧系统，风险较大的转换方法是（　　）。

　　A. 平行转换法　　B. 直接切换法　　C. 逐步转换法　　D. 逐个子系统转换法

7. 原理上可行得通的系统是（　　）。

　　A. 概念系统　　　　B. 逻辑系统　　　　C. 物理系统　　　　D. 实在系统

8. 子系统划分方法中最好的方法是（　　）。

　　A. 功能划分　　　　B. 顺序划分　　　　C. 数据划分　　　　D. 过程划分

9. 运用结构化系统开发方法开发系统的战略规划阶段的主要结论性成果是（　　）。

　　A. 业务流程图　　B. 数据流程图　　C. 可行性报告　　D. 系统流程图

10. 系统设计阶段工作的依据是（　　）。

　　A. 总体规范方案报告　　　　　　　B. 系统设计报告

　　C. 系统分析报告　　　　　　　　　D. 系统实施报告

二、填空题

1. 管理信息系统按照自下而上的层次结构，可以分为_____、_____、_____和
_____四个层次。

2. BSP 方法采用_____的系统规划，_____的系统实现。

3. _____是掌握现行系统状况，确立系统逻辑模型不可缺少的重要工具。

4. _____和_____共同构成系统的逻辑模型。

5. 处理过程设计使用的工具是_____。

三、简答题

1. 系统开发生命周期一般划分为哪几个阶段？

2. 信息系统规划主要包括哪些内容？

3. 结构化系统分析的基本思想是什么？

4. 系统设计阶段包括哪些工作内容？

5. 系统实施应包括哪些内容？

6. 系统转换的方式有几种？其各自的特点是什么？

第 7 章　人工智能与专家系统

人工智能、专家系统和农业机器人作为贴近行业用户的高级应用，在畜牧业中应用也越来越广泛。畜牧在从传统农业进化为现代产业的过程中，对劳动力数量的需求越来越低，而对自动化水平的要求则越来越高。人工智能为畜牧业提供了足够的数字平台支撑，专家系统为畜牧业信息化快速发展起到了推动作用，农业机器人的使用直接将畜牧业带入了现代产业体系。本章首先介绍了人工智能的基本概念，人工智能与大数据、机器学习与深度学习、语音识别与合成系统，然后结合人工智能在畜牧生产中的应用，详细介绍了农业机器人和专家系统等相关内容。

学习目标

- 了解人工智能的相关知识。
- 理解农业机器人的概念及其技术分类。
- 理解专家系统的概念及其相关技术。
- 理解大数据的概念及其应用。
- 理解常见农业机器人的简单操作逻辑。
- 掌握人工智能在畜牧业中的服务方法。
- 掌握学科相关的专家系统的简易使用方法。
- 掌握各种大数据软件的简易使用方法。

7.1　人工智能

人工智能已经成为当今信息领域最大的热点，它的快速发展不仅能为信息处理提供更加优化的方案，让管理者对整个流程实现更精准的把控，而且通过人工智能的实施，可以让整个行业与社会的生产力得到极大释放，生产效率飞速提高。虽然农牧行业接触人工智能较晚，但发展也很迅速，从产业规划、物流采购、养殖生产、宰杀处理、产品销售等各个方面均有成功的实施案例。

7.1.1　AI 基本概念

人工智能（Artificial Intelligence，AI），从字面上理解，就是让机器（主要是电子计算机）获得类似人类大脑的思维能力。虽然发达国家农牧业机械化已经实现了上百年，自动化也已实现了几十年，基本实现了现代化。但不管是机械化还是自动化，都依赖于技术人员预先在机器与设备中设置好的流程或者信息处理逻辑。一旦外部输入信息或者自身处理需求超出这种逻辑，机械化和自动化的生产设备就不能正常工作。为了让这些机器设备能够更加灵活自主地调整或者开发新的技能与本领，让它们像人类一样思考现象、开发技能，就有必要把人工智能这个技术引入到畜牧业中来。

人工智能在畜牧业中的应用主要分为数据分析和操作指导两个层次，分别围绕着生产的前期布局、中间工艺和成品检验与销售这几个环节展开。人工智能进行畜牧业的数据分析一般应用于产业宏观规划或者技术参数评定领域，人工智能进行操作指导则直接对机器及设备进行智能控制，二者存在一定交集，生产和检验环节的自动化机械设备可以由人工智能部分或完全控制，人工智能的数据分析会出现在畜牧生产全过程的各个阶段。下面以养牛为例，说明人工智能在畜牧行业中的应用。

和家禽养殖不同，大型牲畜养殖的规模需要根据外部环境的变化进行调整。养牛企业的设备折损较低，可以灵活调整养殖规模。肉牛生产企业的固定生产成本主要包括幼年牛采购、青储饲料、干储饲料和成品饲料几个部分，青储饲料的价格取决于当年本地牧场牧草的长势，干储饲料（干储秸秆）的价格取决于上一年本地小麦、玉米的长势，成品饲料的价格取决于上一年全球玉米、大豆的产量与市场需求量。

肉牛生产企业的收益主要来自于成年肉牛出栏，牛肉价格则跟牛肉上市量直接相关，影响牛肉价格的因素还有国外牛肉产量、国外牛肉进口量，甚至鸡蛋、鸡肉、猪肉的价格都会影响到牛肉的价格。因为没有现成的公式估算当年准确的养牛利润率，养牛企业只能根据经验估算大概数值，这会造成企业隐性风险。

由以上分析可以看出，影响养牛成本的因素是明确的，排除牛舍和疫病防治等非日常支出，主要变化量集中在幼牛购买的价格和饲料这两个变化量上。在这里定义幼牛的价格为 a，单次支出，因为幼牛的繁育由专门企业完成，他们会根据上一年度肉牛存栏量 a_1 制定繁育计划，与本年度的幼牛买卖需求 a_2 共同决定幼牛价格；青储饲料的单价为 b，价格浮动变化较大，需要多次购买，浮动影响因素为本年度的降水 w_1 和气温 w_2；干储饲料 c 的获取主要是上一年度夏粮（小麦）和秋粮（玉米）收获时副产物——秸秆（小麦秸秆价格 c_1，受上年度小麦年产量 c_{11} 影响；玉米秸秆价格 c_2，受上年度玉米产量 c_{21} 影响），其价格相对平稳，但也会受到宿主作物产量的影响；成品饲料 d 的原料主要为豆粕 d_1 和玉米 c_3，这两者的上一年度的价格决定了成品饲料的价格。以上信息支出关系如图 7-1 所示。

肉牛饲养的收入主要来自于肉牛屠宰加工企业的收购价格 s，取决于市场的牛肉平均价格，受牛皮、牛骨等副产物价格影响较小。影响牛肉价格的主要因素除了国内牛肉出栏数量 a_{21}（直接影响国内牛肉收购价格 s_0 外）外，国外主要养牛国的肉牛出栏数量也是影响牛肉价格的重要因素，国外牛肉出栏数量 p_2 决定了国际牛肉价格 p_1，进一步影响牛肉进口量 p。同时，牛肉的可替代性肉类价格 q 也会影响牛肉价格，q 包括鸡肉 q_1、猪肉 q_2 和羊肉 q_3 等，例如 2019 年受非洲猪瘟影响，国内猪肉价格剧烈上涨，导致居民大量购买牛羊肉，进而带动牛肉价格上涨。收入关系如图 7-2 所示。

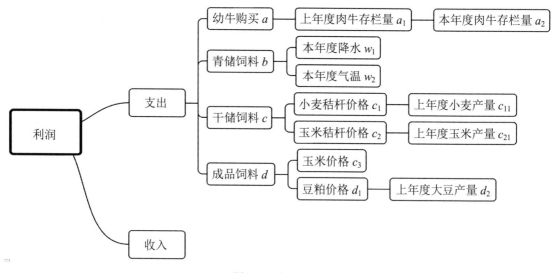

图 7-1 支出关系

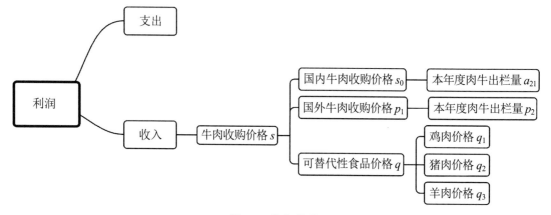

图 7-2 收入关系

为了保证市场不断有肉牛出栏，它的养殖属于循环养殖，即不断买入幼年仔牛进行饲喂育肥，不断有成年肉牛出栏供应市场。当一个养殖户需要确定当前周期的肉牛养殖规模时，他最终要考虑的问题是，养殖过程的总成本和出栏肉牛销售收入之间的差额，即他能够在每头牛身上获得多少利润。影响成本和收益的因素在前文已经列出，这些因素可以转化为实际的数字进行分析，一般把这些数字分为两类。一类是已经确定的数字，比如当前市场中三月龄的仔牛价格；另一类是需要预测的数值，比如未来半年苜蓿价格走势。而预测的未知参数又可以分为两类。一类是根据现有参数进行预测，比如通过今年的天气预测明年的玉米收成进而预测明年的饲料价格；另一类就只能根据市场规律进行粗略预测了，比如下一年度国内居民牛肉消费指数。一般从业多年的业内人员都能根据现有数据对这些下一阶段影响生产的环境参数进行预估。随着行业竞争的日趋激烈，生产自动化水平的进一步提高，留给养殖企业的利润空间并不高，2019 年我国肉牛养殖的毛利率在 10% 左右。不精确的预测极易导致养牛企业亏损，整个行业不得不寻求更加准确的预测评估机制，也就是使用人工智能来进行预测。

因为在实际生产中虽然明确关联因素会对后继参数产生影响，但从业人员无法得出其间的具体准确的函数关系，举个例子，某年度降雨 t_1 偏少，则苜蓿的产量 t_2 会下降，预期价格 t_3 会升高，这之间存在着一定相关性，这种相关性在定性判断中可以使用二阶或者三阶的函数来模拟考察，可是在其他具体的商业生产中这种模拟的函数失效概率很大，偏移误差超过 10% 的时候就已无实际使用意义。在无法准确使用函数拟合，却又需要预估最终结果时，使用人工智能分析，就成了一种非常有效的方法。

还以苜蓿种植这个例子展开分析，和苜蓿产量相关的因素主要有种植面积 t_3、逐月平均气温 t_4、逐月降雨量 t_5。种植面积可以通过调查获得，气温和降水则需要通过本地过去几十年的积累数据，得出复杂的函数，预估出今年的数值。根据人类对大自然的感知，气候变化是周期性的，本例中仅考虑基于"年"这个单位的周期律，可以发现，每个月的平均气温随"年"这个周期做上下波动震荡一次，相邻几年的相同月份的平均气温也在某一个范围内无固定规律小范围震荡，同时，降水变化和平均气温变化有也相似的规律。按照上述三个规律，首先构建一个三维矩阵，x 轴有 12 个元素，代表一年 12 个月；y 轴取 20 个元素，表示研究近 20 年来气候变化的规律；z 轴有两个元素，分别是月平均温度和月平均降水量，矩阵示意如图 7-3 所示。

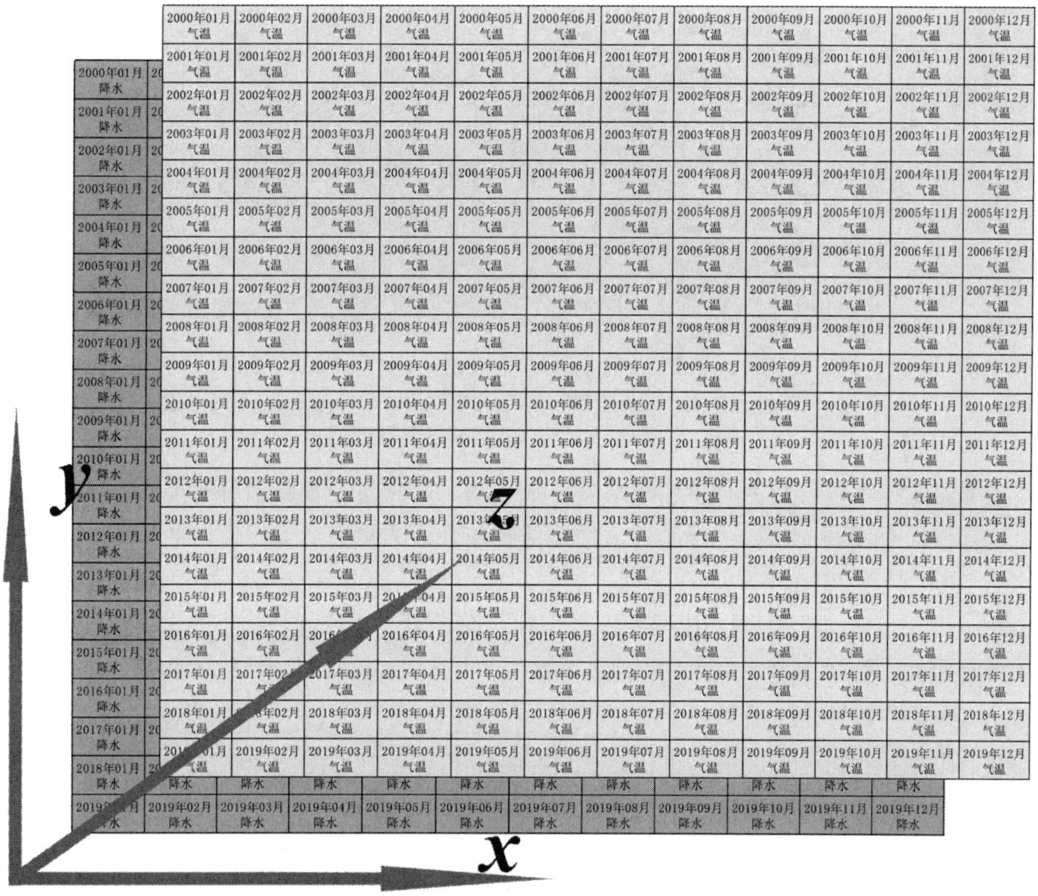

图 7-3　近 20 年月平均气温和降水量矩阵示意

　　这样一组数字放在一个人面前，他能够通过生活经验发现前述的表层规律，但要找出其中精确数学规律，归纳成一个函数，则是人力无法完成的，这就需要利用人工智能来寻找并确定这个函数。本章节中不具体讲述函数构建的数学方法，仅介绍人类指导人工智能机器学习的流程。

　　人工智能作为一个新兴事物，它并不懂大气气候的变化规律，它也无法像我们人类一样利用五官配合大脑进行感性分析，它的长处是利用各种相对简单但是数量巨大的计算找出原始数值之间的内在规律，其中最重要的计算就是对矩阵的卷积计算。说到卷积，就会引出另一个概念——神经网络，神经网络可以理解为利用计算机的运算单元模拟人类大脑神经元进行逻辑分析的一种手段，一个个计算机运算单元像一个个人类大脑神经元一样组成网络结构。神经网络能够处理的数据很单一，主要是数值运算，准确地说是大量、近似、关联、不复杂的数值运算，通过对这些数据相互迭代计算，找出其中存在的规律，这就是我们常见的卷积运算。卷积运算仅仅是一类运算的总称，具体天气要如何卷积，我们并没有准确的方法，这就需要通过对人工智能进行训练来找到合适的模型。神经元结构的计算机计算单元结构如图 7-4 所示。

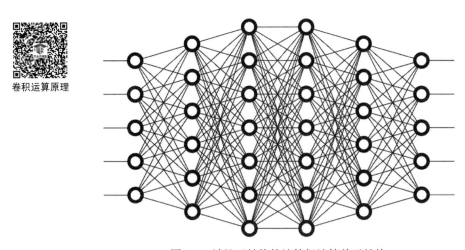

卷积运算原理

图 7-4　神经元结构的计算机计算单元结构

　　训练的过程可以理解为对神经网络撒一张大网，让它自己找到多种可能有用的规律，并利用现有数据对找到的规律进行验证，最终得到最合适的模型。借用上边的例子，对神经网络给出 2000 年至 2020 年本地月度气候数据，由神经网络卷积运算，神经网络首先提取了 2000－2015 年的数据，试图从中寻找一个规律，在不限定误差的前提下一定可以找到，定义这个函数为 F_1，接下来用 F_1 推测出 2016 年的月度气候数据，并且和 2016 年的真实数据进行比对，再次卷积运算，将函数 F_1 修正成为 F_2，再用 F_2 推测出 2017 年的月度气候数据，和真实的数据比对并卷积运算，第二次修正出新的函数 F_3，直到预测出 2022 年的月度气候数据。虽然最终人工智能预测的数据和下一年真实的气候数据一定会存在误差，但基本已能够满足我们预测苜蓿草产量的需要了。

　　使用人工智能预测数值从难度上可以分为两种，第一种是上述使用已知往年的气候数据预测下一年的气候数据，进而预测某作物的产量，逻辑上是一条直线，通俗地讲，可以叫作"直通预测"，通常用来预测客观世界的一些数值。但是对于另外一类涉及人类社会的数值，就需要让人工智能使用更加复杂的预测方法来得到比较准确结果。接着上述的例子来讲，人工智能预测出了下一年苜蓿的产量，不过真正对养殖户有引导作用的是苜蓿草的价格。我们知道，商品的价格取决于供求关系，买的人多了，价格会上扬，买的人少了，价格会下跌，当苜蓿草产量确定后，需求量决定了价格，但需求量是未知的，取决于下一年度肉牛的存栏量，而肉牛的存栏量却是养殖户要通过人工智能求出最终的重要数值，换句话说，我们在运算过程中需要的一个中间数值，却来自于最后的结果数值。这就存在着一个悖论，计算过程中需要用到的数值要结束才能得到。面对这个问题，人工智能已经不能简单地利用神经网络进行卷积计算来解决了，这里需要用到迭代逼近计算。

迭代逼近计算的原理并不复杂，当第一次需要用到那个还未计算出来的参数时，操作人员会赋予一个存在一定可控偏差的初始值，例如在这个例子中，首先设定苜蓿牧场覆盖的半径为 100 千米的养殖区内下一年度肉牛存栏为 K_1（200 万头），这个数字并不精确，和最大年份的准确数值相差 30%，但通过数值进行第一次计算后，人工智能得出了一个相对准确的结果 K_2（250 万头），再次将 K_2 带入运算，得出 K_3（170 万头），通过这样反复迭代运算 10～20 次，就可以的得到相对误差在 5% 以内精确的结果了。需要注意的是，影响下一年度肉牛存栏量的因素很多，绝不仅仅只有苜蓿草价格一个，操作人员需要预设很多并不精确的初值数值，因此，迭代计算次数也会大大增加，甚至可以达到数十万次，这就要求计算机的计算能力非常强大。强大的计算性能正是人工智能得以推广的前提条件。图 7-5 是用来进行人工智能计算的巨型计算机集群。

图 7-5　用来进行人工智能计算的巨型计算机集群

7.1.2　AI 与大数据

我们首先使用神经网络进行卷积运算预测了未来一年的月度气候数据，接下来用多重迭代逼近计算预测了未来一年苜蓿草月度平均价格，从计算方法可以发现，不管是历年月度气候数据或是过往某省肉牛存栏量，都可以通过相关职能部门查到。还有一些数据，例如当年某省牛肉零售价格，因变动速度较快，点多面广，相关职能部门并未把全部统计结果公布于众，仅仅公布了平均价格指数。对于价格走势的预估，数据采集越广泛，预估的准确度就越高，如何合法低成本地获得大量有效的计算参数就成为人工智能领域的一个新需求。

以河南省为例，河南省有约 1 亿人口，2020 年生产牛肉 83 万吨，我们简单假设本省消耗 50 万吨，其中肉加工企业消耗 25 万吨，居民消费 25 万吨，一般居民每次购买牛肉 5 千克左右，简单计算得出全省一年大约产生 5000 万笔牛肉消费，虽然这个数值很不准确，但可以初步估算河南省每年的牛肉零售消费次数应该是千万级别的，要想精确确定零售平均价格，必须要采样百万次以上。百万次数量的采集普通企业是很难完成的，这是一个非常大的数据，信息技术人员就把这种无法在一定时间范围内用常规软件工具进行捕捉、管理和处理的数据集合，称作大数据。

在本案例的具体操作中，人工智能的操作人员可以利用"爬虫"技术，对互联网上的公开信息进行抓取、梳理并分类，获得相对比较充足数量的有用信息。经常上网的用户都会使用搜索引擎查找自己需要的信息，我们在百度页面中以牛肉价格、河南、零售三个关键字进行搜索，搜索结果大部分是牛肉广告，少部分是有用信息，有用信息中也可以分为挂价信息和成交信息两类，这两种信息会存在着一定差异，需要分别处理。网络爬虫抓取来含有"牛肉价格"的巨量信息，首先要使用人工智能剔除占总量半数以上的广告，方法和前边不太一样，第一步可以使用神经网络，把广告涉及的关键词预设出来，用差异训练法调用卷积对字符扫描，找到一种剥离广告信息的方法，得到对我们有用的信息。第二步则是对有用信息分类，依旧使用关键词训练进行分离。例如可以按照形态分为牛肉块和牛肉卷，按照生熟分为生牛肉和熟牛肉，按照成交日打上标签等。最后使用人工智能对完成分类的数据进行归纳整理，建立一个分类表格或者数据库，方便下一步分析时有序调用。在这一步，人工智能要学习把相似或者相关的标签进行整合或者链接，这一步的难点是获取标签的内在联系，因为很多内在关系连人都无法明确，操作者需要让人工智能自己探知这种内在联系。在下一小节的机器学习中，我们将就这个问题展开讨论。

当大量数据被采集完成后，更重要的工作开始了，就是从海量数据提取有用信息。当我们获得了河南省内 10 万笔牛肉零售的价格后，能从这些价格中发现什么呢？有经验的从业者能够看出随着季节、假期、气温、总体物价水平的变化，牛肉价格会出现相应的变化，但是还有很多隐含在背后的联系，人脑面对大量的数据是无法完成数据整理和分析的。我们同样可以使用神经网络对这些大数据进行卷积操作处理，只是因为数据量太大，卷积的速度和效率都会很低，这时就需要找一种新的方法来处理。

前文已经明确，大数据不只是一组组数值，一定要附带描述这些数值的文字（描述符），这些描述符是不同关键字的组合，例如数字 75 后跟着这样几个关键字，里脊、澳洲、千克、冷冻、盒马鲜生、feb、2021、河南。用人的眼光可以理解到，2021 年 2 月份，盒马鲜生在河南省内销售的澳洲原产里脊牛肉每千克 75 元人民币。人工智能如果按照未调整的逻辑理解可能会产生较大编差，它有可能理解为河南省的一只盒装的马吃了牛肉里脊后，在 2021 年 2 月份被卖给澳洲，价格 75 澳元每千克。要让人工智能像人类一样去理解一条一条的数据，还是需要借助于大数据的特点，处理方法有很多，总体思路都是对关键字进行遍历，记录下关键字的条目、出现数量、关键字之间关联特征，构建一个巨大的立体关联数据库，再将这个立体数据库切片并局部扁平化，最终使用神经网络对扁平化后的数据库构建的二维矩阵进行卷积运算，获取数值内部的联系，最后用这些关系构建低维度数的表格。比如，人工智能通过分析发现地名有两类，一类是国内的地名，一类是国外的地名，通过建立矩阵分析，国外的地名，例如澳洲、新西兰、阿根廷都属于牛肉产地，这类牛肉也自然被归类于进口牛肉，另一个国内地名自然应该是国内销售地。当没有国外地名时，默认为国产牛肉，然后进一步甄别产地与销售地并加以区分。

整理好的大数据并不能直接拿来使用，仍需要利用人工智能进行数据二次计算分析，得到养殖户想要的结果。比如，软件发现近半年以来，全国各地的牛肉零售价格均有不超过 5% 的下跌，是不是就能推断出下一年度牛肉价格依旧下跌呢？人工智能导入牛肉批发数据进一步分析发现，受新冠疫情影响，大量肉类加工企业开工不足，批发采购量很低，伴随疫情结束，重开生产，很可能会导致牛肉批发价格的上涨，对养殖户来说是一个利好消息。

7.1.3 机器学习与深度学习

在前边两个小节中，我们介绍了使用人工智能预测气候数据和利用大数据分析预测价格信息的方法。在进行这两种预测之前，计算机操作人员都会把气候变化和价格浮动的基本规律输入信息系统供计算机学习。但是有些场合，连人类都无法准确掌握其中的基本规律，人类对这些规律的学习都还处于初级阶段，在这种需求下，人工智能理论就导入了机器学习和深度学习这两种形式。

简单地说，机器学习就是让人工智能在人类规定的学习框架下自主的探索发现人类未知的规则和规律。深度学习则更进一层，让人工智能自己找到更加高效准确的学习方法和框架。借用一个形象的比喻，机器学习等同于学生在教师的指导下自学教师也不懂的内容，深度学习等同于学生在前述自学的过程中，建立了一套新的自学方法。自主学习经常出现在博弈论的信息处理中，本书也借用这个概念介绍一下自主学习在畜牧养殖行业中的应用。

大家知道，不管是象棋还是围棋，都有一个著名的说法叫做"下一步，看三步"，这是一种预判，如果对手是一个高手，就会出现"我预判了你的预判"的现象，这就是博弈论最简单的体现。在象棋与围棋数百年来发展中，人类通过大量对局，积累了众多的优化后的处理方案，这就是棋谱。棋谱的出现本质上是对人类大脑计算能力不足的一种补充，在人类大脑无法预判到对手多步之后的棋路时，只能利用前人总结的较为优化的处理方案提前布局。当博弈论引入计算机后，计算机完全不理解人类棋谱的意义，但因为计算机相对于人有很大的算力优势，这个不足并不会成为计算机学习围棋的阻碍。通俗地说，只会"傻算""死算"的计算机依靠这些看起来很笨的手段，在短时间内计算出了对手所有棋路的可能，并依旧利用"傻算""死算"的方法验算了自己回棋的安全性，从中找到一组获胜几率最大的棋路，这些棋路很有可能看起来与传统棋谱没有关联，甚至是理念相悖。但这些新奇的棋路，就是人工智能通过自我的机器学习总结出的新规律。

畜牧养殖行业同样存在着博弈论，如果某年因气候原因导致粮食减产、饲料价格上涨，并引发牛肉价格上涨已成事实。在下一年度中，产业链各个环节的从业者都会根据自己所处环境对形势进行预判。首先养殖户认为牛肉价格即将上涨，利润增加，于是提高养殖量；接着粮食种植户遇到好年景，增大粮食种植量；接着出现了肉牛大量养殖、大量上市的情况，造成供过于求、价格下跌、养牛户亏损的景象。这个例子并不代表真实情况，但我们可以看出，对于竞争对手和产业上下游合作伙伴的行为预估，难度远大于对气候、亩产量这样客观数值的预估。借助于机器学习，可以让人工智能充分发挥高计算能力的特点，以宽广的思维发现养殖业内在的规律，指导养殖户进行产业布局。

　　虽然用宏观角度解释博弈论，人类还不能摸清它内在的具体规律，但是表层的行为规律是可以被人理解的，比如"象走田，马走日"这样的基本规律。在很多场景下，包括人类在内，都无法对表象中存在的规律进行有用的提炼与总结，下面我们用畜牧养殖中的一个实例来解释。大家都了解过人脸识别技术，通过对人的眼睛、眉毛、鼻子和嘴等器官的位置和形状进行定位，来准确识别出具体的人，如图 7-6 所示。在肉牛养殖中，养殖户同样需要经常对牛进行身份识别，现有识别技术主要使用基于 RFID 的动物耳标，缺点是当多个动物距离较近时，识别错误率偏高。那能不能像人脸识别一样设计一种"牛脸识别"的机制呢？设计人员开始就这个问题进行研究。对自我面容识别是人类的基本技能，我们从一出生就开始观察自己和同类的面容及表情，掌握了不同个体面容差异点以及区分这种差异点的方法和技巧。但是人类识别面容的本能针对牛的面容特征却发生了失效，再加上牛的皮毛颜色、品种差异以及养牛过程中动物并不完全配合检查，造成识别难度很大，就算是计算机专家也很难从中抽取出广泛方便实用的识别规律。

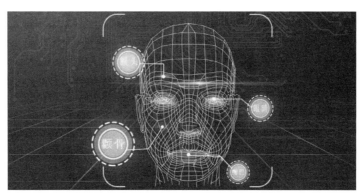

图 7-6　人脸识别技术

　　在这种我们明知有规律却又找不到的也不知该如何找的场景下，就可以使用人工智能的深度学习功能。深度学习和机器学习的区别不仅仅是一个程度深或浅的不同，它们的内在区别在于机器学习是自主找规律，深度学习是自主找方法，是"鱼与渔"的关系。同时外在表现出来的不同是，自主学习可以以此获取数据，让人工智能自己反复计算反复分析；深度学习则要求人工智能在学习过程中不断根据新的需求获得新的数据，比如人工智能在分析了牛的表情后，发现观察牛的耳朵也能够帮助识别牛的身份，在接下来的数据获取中着重采集牛耳朵的外观，进而在下一步的分析中加入获取新的信息，这样一边分析一边改进自己的学习方法就形成了深度学习的体系。深度学习是现阶段人工能智能的最高层次，不但需要消耗更多的计算能力，还要和多种数据采集技能，比如声音、图像、味觉等配合使用，发挥出更大的效能。

7.1.4　语音识别与合成系统

传统的语音识别主要出现在大量语言输入和语言控制中，在畜牧养殖行业里这种使用场景并不多，操作人员主要是用预设的控制命令对畜牧机械进行控制，基本不需要使用语音控制。但是能够发音的不仅仅只有人，被养殖的动物比如牛和羊，都会经常性的鸣叫，同时会在消化时从消化道中发出各种声响，这些声音都能反应出动物的各种生理与情绪状态。及时捕捉到这些声音，就能让养殖户对牲畜的身体状态有更加准确的了解。

人类的语音可以提取出频率、振幅、响度等基本特性，如果对这些基本特征数字化后进行直接处理，数据量太大，处理异常复杂。从声音类型来看，语音可以分为浊音、轻音和破擦音，分别由声带、口腔和嘴唇产生，再分析以上三种器官不同的动作产生不同频幅震荡的波形，逆推出不同的声韵母，最后推出语义。这种方法直接应用于动物语音识别有相当大的难度，首先是动物的发声器官和人类明显不同，其次是动物发声频谱和人类也有很大区别，最重要的是，动物没有人类意义上的语言，人类即使能够辨别出动物发出特定的声音，也不能通过声音精确判定其对应的含义。为了解决以上三个问题，技术人员采用了一些方法，第一就是对动物的发声器官解剖后深入研究；第二是不采用人类语音识别中的三角带通滤波和共振峰分析，而是直接通过多频带傅里叶变换或者小波变换对动物语音细节化，分析声音本身的特征；第三是在动物身上加装大量传感器，测量牲畜的体温、心跳、呼吸、血压、血氧浓度等一系列指标，通过人工智能判断出语音和这些生理指标的内在联系。通俗地讲，在技术人员不能理解动物语音深层次含义的前提下，用神经网络的高速计算能力跨过语言语义，直接把声音和生理指标特征捆绑在一起，发现它们之间的内在联系。

有了这种方法，可以让养殖户在第一时间通过肉牛的鸣叫判断出它的健康异常或情绪异常，甚至通过鸣叫判断出具体是哪一只动物身体异常。配合智能视频监控，极大地降低了照料成本。

语音合成是语音识别的反向应用，在人类世界中，我们使用电子机计算机合成的语音来模拟真人说话，技术已经比较成熟。在畜牧养殖中，也可以使用语音合成技术模拟动物发出的声音，比如，模拟母牛的声音安抚牛犊幼崽，或者模拟公牛发情的叫声，测试母牛是否到了发情期。通过在动物语音识别中，对其发出鸣叫声音的小波变换，可以剥离出不同频段的震动，这些震动好像一个个基本的情绪单元或者生理反应单元，前述实验中确定了这些单元对应的情绪变化后，养殖户就可以在需要模拟某种情绪或者生理反应时，从库中调取这些震动的波形，再根据总结到的规律，合成为正常的动物鸣叫。

语音合成在动物养殖中是一个新的研究方向，虽然专业技术人员已经能够定性地发现一些浅层的规律，但要做到对动物实现完全模拟，还有很长的路要走。

7.2　农业机器人

机器人是能够自动或者自主工作的机器的总称，它的出现是为了替代人类从事各种危险、复杂、繁重的工作。机器人最先出现在工业生产中，之后陆续在各个行业中得到推广，农业生产因为其场地较大、工作类型多且复杂、工作环境比较恶劣，产业层次较低，所以机器人出现的相对比较晚。随着近些年设计加工能力的提升，加上人力成本的飞速上涨，农业机器人在现代畜牧业中的应用越来越广泛。

7.2.1 农业机器人概述

农业机器人按照使用工作场景可以分为大田机器人、林木机器人、涉水机器人和畜牧机器人几种。大田机器人一般工作在种植谷物庄稼的大田中，负责各种大田作物的栽种、施肥、收割、分拣等作业。林木机器人主要工作在果木和其他经济作物的种植园中，一般不涉及树木栽种，主要完成树木果实、枝叶（如桑树叶）和其他产品（如橡胶汁液）的过程处理（如水果包套）和采摘收集等工作。涉水机器人主要工作在水产养殖领域，可以完成水产品种苗的投放、饲喂和捕捞等工作。畜牧机器人是工作在家禽家畜养殖场的机器人，主要完成动物饲料投喂、粪便清理、禽畜产品收集（例如蛋、奶）、禽畜驱赶与屠宰等工作。本书主要介绍畜牧机器人的相关知识。

7.2.2 农业机器人的结构

不管是哪类机器人，为了实现自动或者自主完成特定工作，都必须由机械运动、传感器组件和信息处理三大部分组成，一般包含驱动系统、机械系统、感知系统、人机交互系统、环境交互系统和控制系统六个子系统，如图 7-7 所示。畜牧机器人也符合这种基本构成，下面介绍农业机器人这些组成部分的具体结构。

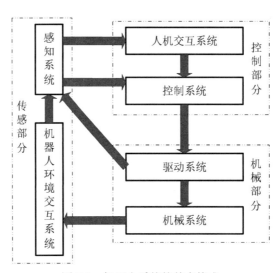

图 7-7　机器人系统的基本构成

感知系统首先要感知外部环境的信息，同时也感知自身的工作状态和参数。以牛舍投料机器人为例，感知系统主要负责侦测每一个肉牛饲喂位置饲料剩余量、自身饲料存量和牛舍中的行进轨迹标记。也就是说，它获取每头牛面前还有多少饲料、自己饲料仓内剩余的饲料量和自身的行进位置。

　　环境交互系统是在机器人工作时和操作者以外的人或者事物的交互系统，在本案例中，它负责向动物发送特定声音，呼叫动物前来进食，并观察动物的进食情况。

　　人机交互系统中的"人"特指机器人的管理者、控制者和操作者，不包括服务对象中的人。在本案例中，人机交互系统负责操作者对机器人的管控和操作，并反馈工作状态。

　　机械系统负责机器人的机械运动。本案例中投料机器人运动、投喂等动作都由机械系统完成。

　　驱动系统负责为机器人产生原动力。现代机器人一般使用电池和电动机组合成驱动系统，但对于大型机器人，也有合并使用内燃机作为驱动系统的案例。但因为机器人本身需要使用电力驱动控制系统计算，所以机器人不能单独使用内燃机作为驱动系统。

　　控制系统是机器人的大脑，负责分析所有汇总的信息进行处理并发出相应指令。本案例中，投料机器人的控制系统要分析每一头牛的进食速度，计算出最优化路径对消耗完饲料的位置补充饲料。

　　由此我们可以看出，农业机器人也同样遵循机器人的各项标准和要求，并使用农牧业场景特定限制条件对其设计进行优化。

7.2.3　农业机器人系统设计

　　机器人不等同于自动机械设备，它是能够自主控制并工作的自动机械，具有一定智能性。例如最先进的联合收割机可以自动完成收割、脱粒、烘干、压实和打捆等一系列工作，但它离不开人的操作和控制，所以不能算作机器人。一种真正的农业机器人，首先应该能够在完全脱离操作者实施控制时自主完成正常作业，智能化的机器人则需要在遇到非计划情况发生时，自主判断处理方法并确定最优处理方案。在这种思路前提下，就必须要求机器人有强大的感知、处理和控制能力。

　　下面以牛舍投料机器人为例，对它的系统进行设计。和很多农业控制系统（如牛舍的环境控制系统）不同，投料机器人的工作系统并不是一个无限循环的系统，肉牛并不是 24 小时不停在进食，只有在固定的进食时间机器人才被激活，进入工作状态，同样也必须设置工作状态的退出机制。退出系统的触发条件可以分为正常退出和异常退出。正常退出包括预设全部饲料已投喂完毕和本次进食时间结束，异常退出是指非正常条件出现工作故障且机器人本身不能自动处理的情况。比如机器人自身机械故障、机器人运动路径受阻且无法避开、投料出料阻塞等。异常退出时，还需要激活声光电报警，通知工作人员前来处理。牛舍投料机器人如图 7-8 所示。

　　在正常进食阶段，投料机器人的工作可以用装料、运送和投料三个动作概括。激活装料的条件是料仓已空，通过重量传感器监测，结束装料的条件是料仓已装满，除了使用重量传感器检测外，还要使用超声波传感器验证。运送是一个非门槛条件过程，可以理解为，即便没有装料投料，机器人也会在牛舍内以低速沿固定轨迹对每一个投料位进行巡检。

图 7-8　牛舍投料机器人

投料的触发条件是饲喂位置缺料，检测饲喂位置饲料余量有三种方法，第一种是由饲喂位置处的饲料传感器通过网络向机器人报告；第二种是机器人在巡检过程中用摄像头目测饲料余量；第三种是推断法，机器人根据前期巡检过程中多次目测饲料余量的变化量，推断出某一时刻饲料即将被耗完。由于牛通常是以稳定速度进食饲料的，所以第三种方法是实际使用中判断的主要依据。投料的退出条件是进食时间结束或者某一头牛的总进食量已达到上限。牛舍堆料机器人系统流程如图 7-9 所示。

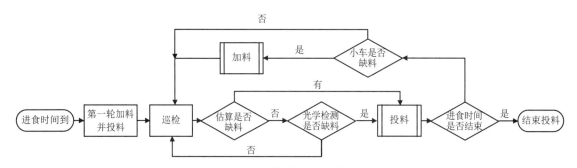

图 7-9　牛舍堆料机器人系统流程

机器人的系统设计还包括路径优化计算，如果同时有多头牛需要投料，余料少的牛在较远位置，而余量较多的牛在较近位置，机器人要采用哪种路径行进呢？软件系统设计中，传统的路径算法对本案例有一些指导意义，但并不适合直接使用。主要原因有两点，第一是大部分牛进食速度相差不大，第二是光学采集图像判断的饲料余量并不准确，误差较大。针对于以上两点，设计机器人的路径规划算法就应该具有足够的弹性，保证对采集到不准确数据的包容性。又因为随着肉牛的成长，它们的进食速度也会改变，一个恒定的算法也无法适配不同的时段。对此，设计人依旧可以使用前边介绍的"博弈算法"进行实时的路径计算，具体思想如下：定义每一头牛为一个变量，每头牛面前的饲料是第二组变量，牛的位置是第三组变量，设定两个最低阈值 a 和 b，当饲料量少于 a 时，必须立即动身前去投料，当饲料少于 b 时，认为饲料已消耗完毕。系统可以"利用时间最紧迫者最优先"的原则计算出一条路径，但这肯定不是最优路径；再根据"距离最近最优先"的原则计算出第二条路径，这也一定不是最优路径。把每次为一头牛运送的路程定义为一个分段，按此分段取前述两种算法结果路径的中间值，以中间值为基准取左右各偏移一个单元路径的方法，算出第一个需要抵达的中途位置，接着用新的位置和时间信息带入迭代，计算出一个完整路径，这次计算的路径一定比前边两个优秀。之后用左右各偏移两个单元路径的方法再次迭代一次，判断两次迭代谁更优秀，并判断是否需要进行第三次迭代，直到找出最优方案。这种设计的核心思想是充分发挥现代计算机计算速度快的优势，按一定规律把所有可能充分计算一遍，找出最优解。

7.2.4　现代化奶牛养殖设备应用

现代化养牛企业已经大量装备了饲料投料机器人、粪便污物清理机器人、喷淋沐浴自动清洗机器人和运动辅助机器人等智能设备，这些设备可用于各种牛类的饲养过程。奶牛的养殖和肉牛不同，除了更加精细化的饲喂，还要添加挤奶设备。在传统的奶牛养殖中，即使用了挤奶机，仍然需要人员手动操作，效率低下并且容易引入外来污染，为了解决这个问题，多个农机厂家设计制造了专用的挤奶机器人，如图 7-10 所示。

挤奶机器人

图 7-10　挤奶机器人

挤奶机器人工作流程是，首先通过夹持设备固定奶牛位置，接下来伸出操作臂，确定乳头位置，使用软旋转刷清洁乳头表面，精确确定每一个乳头的根部位置和乳头阔度长度，依次选择合适尺寸的吸乳器套住每一个乳头开始吸乳，吸乳完毕后摘除吸乳器，再次对乳头清洁，同时清洁吸乳器。吸乳过程中监控奶牛反应，适度调整吸乳压力和吸乳速度。

整个过程中的难点在于确定乳头位置和乳头尺寸，传统的做法是使用光学设备每次测量，比如说使用三坐标激光雷达双角度扫描复合成像，但扫描时间稍长，多次扫描也存在动物视力损伤的隐患。新的处理方法是基于前文所提到的动物面部识别系统，在固定动物站立位置的同时，通过奶牛面部识别其身份，查询数据库中的相应乳头尺寸数据，接着通过可见光扫描确定牛乳头尖端位置就可以直接进行套接操作。在吸乳的过程中也可以实时通过可见光拍摄乳房尺寸，适度调整操作臂位置，避免对乳头产生拉扯。

挤奶机器人还可以把每天收集到的各种数据，如每个乳头的吸乳量、乳汁温度、蛋白质含量和糖度等参数迅速检测后汇总到据库系统，方便后期的食品溯源查询。

7.3 专家系统

人工智能理论建立初期，仅仅是对机器思维的一种假想。在电子计算机被发明后，人类惊诧于它的计算速度，开始尝试让计算机模仿人类思维。直到 20 世纪 80 年代后期，计算机进入了快速发展的阶段，人工智能才开始产生了实用价值。

进入 21 世纪后，人工智能在越来越多的领域超过了人类，最典型的事例是人工智能彻底让人类认识到计算机仅仅通过计算就可以战胜人类思考了几百年博弈布局，成为围棋界的专家。人类更希望人工智能能够在工业、农业及信息产业也成为专家，于是专家系统就成为了人工智能领域最接近成熟的一个分支。

7.3.1 专家系统概述

畜牧养殖企业的主要成本支出是饲料、设备、厂房等日常运转费用。受到成本制约，虽然不时会有饲喂问题和动物疾病发生，但极少有中小型养殖企业雇佣全职养殖专家或者疫病专家。一旦出现养殖事故或者发生动物疫病，企业通常会携带问题动物前往动物医院或者邀请专家前往养殖企业现场处理，这种方法最大的问题是时间延迟过长以及专家上门费用过高。面对这样的需求，基于计算机信息系统的专家系统可以为养殖企业承担大量的辅导和诊治工作。

在人工智能成熟之前，计算机专家认为计算机强于单纯的数字计算，而人类自己强于模糊分析和局势判断，所以计算机只是人类思考和判断的助手，帮助人类检索数据，具体的数据分析仍由人类大脑完成。随着计算机运算速度越来越快，尤其是并行计算成熟后，计算机可以使用神经网络模拟人脑思考，产生了真正的人工智能。人工智能充分依靠其强大的计算性能，首先在全面性超过了人类的大脑；接下来，越来越多的数据汇总到计算机中，人类对如此大规模的数据已无任何分析的能力时，人工智能首次替代了人类思维。当人工智能对于数据分析提取的能力超过行业专家时，它自己就成了新的专家，我们把这类人工智能系统叫做专家系统。

专家系统是最早开发的智能系统之一，是人工智能研究与应用的重要领域，也是目前人工智能中最活跃、最有成效的一个研究领域。通过多年发展，专家系统的研究彻底解决了知识表示、不精确推理、搜索策略、人机联系、知识获取和专家系统基本结构等一系列重大的技术问题。

7.3.2　专家系统的基本结构

专家系统是一类具有专门知识和经验的计算机智能程序系统，通过对人类专家问题求解能力的建模，采用人工智能中的知识表示和知识推理技术，模拟通常由专家才能解决的复杂问题，达到具有与专家同等解决问题的水平。这种基于知识的系统设计方法是以知识库和推理机为中心而展开的，即：

专家系统=知识库+推理机

以牲畜生长专家系统为例。首先通过积累，获得大量肉牛奶牛成长过程中的各种数据，比如饲养使用的各种饲料及添加剂的成分和数量，以及进食时间点；还包括密集采集牲畜的身体机能与生长数据，包括体重、身长、体温、肌肉与脂肪比例、骨密度、红细胞与白细胞数量等。专家系统把这些数据汇总后使用前述的人工智能分析法，推理分析出在某种场合某个品种下，怎样的饲喂方法才是最优的方法。当饲养人员发现自己的牲畜成长未达到预期水平，便把已有的数据输入专家系统，由专家系统对这些数据进行评估，分析出哪些数值出现偏差，并给出改进的方案。

可以看出，专家系统强调的是知识而非方法，知识从系统中与其他部分分离开，因此专家系统是基于知识的系统。一般来说，一个专家系统应该有具备某个应用领域的专家级知识、能够模拟专家的思维和能达到专家级的解题水平三个要素。

近年来专家系统迅速发展，应用领域越来越广，解决实际问题的能力也越来越强。具体来说，专家系统的优点包括以下几个方面：

- 专家系统能够高效率、准确、周到、迅速和不知疲倦地工作。
- 专家系统解决实际问题时不受周围环境的影响，也不会出现信息遗漏。
- 专家系统可使专家的专长不受时间和空间限制，以便推广珍贵和稀缺的专家知识和经验。
- 专家系统能使各领域专家的专家知识和经验得到总结与精炼，能广泛、有力地传播专家的知识、经验和能力，促进各领域的发展。
- 专家系统能汇集和集成多领域专家的知识与经验，拥有更丰富的经验和更强的工作能力。
- 专家系统的研制和应用具有巨大的经验效益和社会效益。
- 研究专家系统能够促进整个科学技术的发展。

7.3.3　畜牧业专家系统应用

虽然专家系统是一种人工智能系统，但如同它的名字，专家并不负责简单的、重复性的控制与判断，也不负责具体的机械运行，它主要负责复杂的、关键性环节的判断与控制。畜牧业涉及的分领域很多，除了畜牧生产外，畜产品采购与销售也是相当复杂的环节，需要明确的是，现阶段的专家系统一般不负责对人类的社会行为进行判断和控制，通俗地说就是专家系统暂时还不能涉及人类社会。所以如前文叙述，畜牧业专家系统的使用对象只能是动物，通常来说覆盖动物养殖和动物疫病防治两条主线。

动物养殖是指日常的、正常的动物饲养，即喂料、挤奶、产蛋、出栏这些计划内的工作。疫病防治是指处理那些对日常的养殖工作产生干扰的非计划内或者突发事件，例如对禽流感的注射免疫工作或者奶牛乳房炎的治疗。虽然逻辑上对象不同，但这两条主线并不孤立，很多数据都能被两种专家系统共享，比如牛的白细胞数量能够正常反映它的免疫系统发育状况，同时也可以判断它体内是否有细菌性感染，也就是是否有炎症发生。从另一个角度来说，对流行性疾病的提前预防，既属于日常管理，同时也是疫病防治的一部分。现在这两个专家系统已经逐渐合并。

从效果上看，专家系统很像农科院和兽医院里的人类专家，能为养殖企业解决动物生产和治病的复杂问题，不过从专家系统运营上分析又和人类专家有很大不同。在人类社会中，搜集病例的病理特征是医生的职责，但在专家系统中，计算机受限于隐私协议，不得主动收集养殖和治疗过程参数，这些信息都需要养殖企业自愿主动提供。专家系统收集的数据和信息越充分越完整，越能改进其判断策略，越能给养殖企业提供更好的服务。所以，养殖企业积极地向专家系统提供自己的日常数据，是一种自我服务的体现，表现在专家系统的构建过程中就要求养殖企业必须是专家系统中的一个重要组成部分，养殖企业有义务向专家系统积极地、及时地、准确地、全面地报告自己所掌握的各种过程信息和参数，也有权利获得专家系统对自己的全面指导。

随着现代畜牧业自动化程度的提高，各种数据采集汇报已经不需要人类过多参与，专家系统已经成为了生产过程管理的主角，真正实现畜牧业的智能化。

课后练习

一、选择题

1. 人工智能是以下哪一项的必要前提条件（　　）。
   A. 农业机械化　　　　　　　　　B. 农业自动化
   C. 农业智能化　　　　　　　　　D. 农业工厂化

2. 电子计算机里用来模拟人类大脑进行计算的最小单位叫做（　　），由这种最小单位组合而成的大规模处理结构叫做（　　）。
   A. 神经元　　　B. 细胞元　　　C. 神经网络　　　D. 细胞网络

3. 大数据的获取一般通过（　　）获得。
   A. 手工采集　　　　　　　　　　B. 网络爬虫采集
   C. 手控计算机采集　　　　　　　D. 从相关部门索取

4. 使用计算机研究围棋棋谱属于（　　），使用计算机发明一种新的围棋规则属于（　　）。
   A. 机器学习　　　B. 自我学习　　　C. 认知学习　　　D. 深度学习

5．下列（　　）不属于农业机器人设计过程中的主要困难。

 A．工作环境恶劣   B．工作强度大

 C．工作无规律   D．工作精度高

6．以下（　　）不是运行中的专家系统的必要组成部分。

 A．积累的数据   B．高性能计算机

 C．数据处理逻辑   D．人类专家

二、填空题

1．人工智能的英文为_____，缩写为_____。

2．人工智能最常用的计算方式是对_____进行_____计算。

3．迭代逼近计算是指计算机代入_____，_____运算后获得贴近真实值的最终结果。

4．语音合成需要采集_____、_____、_____等声音的基本特性。

5．_____能够完成专家指导，解决养殖户见专家难、费用高、时效性差等诸多问题。

6．农业机器人按照使用工作场景可以分为_____、_____、_____和_____几种。

三、思考题

1．人工智能现阶段是否能够替完全代人类思维？是否能够在有限场景中完全替代人类思维？请说出理由。

2．人工智能是否能够使用博弈论思想推算畜牧制品批发和零售价格之间的关系？请简要说明。

3．查找相关资料，列举几种养牛企业在未来数十年内可能普及的机器人，并简要说明其用途。

4．计算机专家系统未来是否能完全脱离人类专家运行？请简述理由。

第8章　畜产品电子商务

随着社会不断发展进步，人民生活水平日益提高，人们对食品的要求已从最初的"吃饱"过渡到了"吃好"，这就对畜产品生产提出更严要求，赋予更多使命，寄予更高期望。电子商务作为现代服务业支柱产业之一，已渗透到了社会各个领域，其对畜产品销售也具有十分重要的意义，为畜牧业注入了新的发展动力。畜产品电子商务打破了传统商务空间和时间限制，拓展了企业销售渠道，减少了商贸中间环节，优化了生产和销售过程监管，受到社会广泛关注。本章将在介绍电子商务的基本知识的基础上，分析畜产品电子商务的需求，详细讲解畜产品电子商务网站的建设、维护和推广。

学习目标

- 了解电子商务的相关概念。
- 掌握畜产品电子商务发展状况的网络调研方法。
- 理解畜牧企业电子商务网站策划流程。
- 理解畜产品电子商务网站设计和建设流程。
- 掌握畜产品电子商务网站的维护和推广方法。

8.1　电子商务

电子商务是国民经济发展的重要组成部分，是促进实体经济发展的新引擎，有利于拉动社会就业，促进产业结构优化转型。如今，电子商务不仅仅需要提供信息共享功能，还需要提供专业化的深度服务，实现对物流、资金流和信息流的有效控制和管理。

8.1.1　电子商务概述

电子商务（Electronic Commerce，EC）是以商务活动为主体，以计算机网络为基础，以电子化方式为手段，在法律许可范围内进行的商务活动交易过程，是传统商业活动各环节的电子化、网络化。电子商务包括电子货币交换、供应链管理、电子交易市场、网络营销、在线事务处理、电子数据交换（EDI）、存货管理和自动数据收集等系统。

狭义上讲，电子商务是指通过使用互联网等电子工具（包括电报、电话、广播、电视、传真、计算机、计算机网络、移动通信等）在全球范围内进行的商务贸易活动，包括商品和服务的提供者、广告商、消费者、中介商等有关行为总和。

广义上讲，电子商务是通过电子手段进行的商业事务活动。通过使用互联网等电子工具，公司内部、供应商、客户和合作伙伴之间利用电子业务共享信息，实现企业间业务流程的电子化，配合企业内部的电子化生产管理系统，提高企业的生产、库存、流通和资金等各个环节效率。人们通常理解的电子商务多是指狭义的电子商务。

电子商务是以网络通信技术为基础进行的商务活动，其关键是依靠电子设备和网络技术进行的商业模式，随着电子商务的高速发展，它已不仅仅包括其购物的主要内涵，还包括了物流配送等附带服务。电子商务本身并非高科技，而是高科技的一种应用。电子商务的本质是商务，而非技术，其技术运用的目标是更加高效地实现商务功能。

电子商务具有以下特点。

（1）市场全球化。电子商务基于互联网，由于互联网的开放、互联、平等、共享等特点，全球网民都可能接收到企业传递的网络信息，进而使这些网民成为企业的潜在客户。

（2）成本低廉化。由于电子商务基于互联网，电子商务企业无须支付高昂的店铺租金、店铺运营管理等费用，并且减少了中间部分交易环节，使产品价格更加透明，因此电子商务的交易成本大为降低。

（3）交易快捷化。电子商务可以使企业跟世界各地的合作伙伴紧密联系，并可以在世界各地瞬间完成信息传递与计算机自动处理，无需人工干预，足不出户即可完成交易，因此极大提高了交易效率。

（4）交易虚拟化。通过互联网进行交易活动，买卖双方从洽谈、签订合同到订货、支付等环节，均无须当面进行，都可通过网络以电子化形式完成，整个交易完全虚拟化。

（5）交易透明化。电子商务中买卖双方的洽谈、签约、下单、货款支付、物流跟踪、购买评价等所有交易环节都可以订单快照等方式记录。同时，对于买卖双方信息对称，交易更加透明。

（6）交易连续化。电子商务交易属于 7×24 小时的运行模式，没有线下实体店的打烊时段，网民可在任何时间上网进行产品信息的查询和交易。

8.1.2　电子商务构成要素

电子商务的基本组成要素包括网络、用户、物流配送中心、认证中心、银行、商家等，如图 8-1 所示。

图 8-1　电子商务的基本组成要素

8.1.3 电子商务分类

按照不同的参照标准，电子商务可以有如下几种分类。

（1）按照电子商务交易内容划分，可分为完全电子商务和不完全电子商务。

完全电子商务指所有的交易环节都能在网上完成的电子商务。例如软件、电影、音乐、电子图书、信息服务等无形商品的交易，消费者只需直接下载就可获得，均无须通过物流配送。因此，完全电子商务也称为无形商品交易电子商务或直接电子商务。

不完全电子商务指并非所有的交易环节都能在网上完成的电子商务。例如图书、服装、化妆品、家用电器、食品等有形实体商品的交易，必须通过物流配送才能送达到消费者手中。因此，不完全电子商务也称为有形商品交易电子商务或间接电子商务。不完全电子商务能够顺利进行，依赖于物流环节的配合。

（2）按照使用网络的类型划分，可分为 EDI（Electronic Data Interchange）电子商务、因特网电子商务、内联网电子商务、移动电子商务。

EDI 电子商务是按照商定的协议，将商业文件标准化和格式化，并通过计算机网络在贸易伙伴的计算机网络系统之间进行数据交换和自动处理。EDI 主要应用于企业与企业、企业与批发商、批发商与零售商之间的批发业务。

因特网电子商务是现代商务的新形式，它突破了传统商业生产、批发、零售和进销存调的流转程序与模式，真正实现了少投入、低成本、零库存、高效率，避免了商品的无效搬运，实现了社会资源高效运转和最大节余。消费者可以不受时间、空间、厂商的限制，广泛浏览，充分比较，甚至模拟使用，力求以最低的价格获得最满意的商品和服务。

内联网电子商务是利用企业内部网络开展的商务活动。企业开展内联网商务，一方面可以节省文件的往来时间，方便沟通，降低企业管理成本。另一方面可通过网络与客户双向实时沟通，直观展示提供的产品和服务，提升服务水平。

移动电子商务是近年来兴起的电子商务一个新的分支，它利用移动网络的无线连通性，允许各种非 PC 设备（如手机、PDA、车载计算机等）在电子商务服务器上检索数据，开展交易。它将因特网、移动通信技术、短距离通信技术以及其他信息处理技术结合，使得人们可以在任何时间、任何地点进行各种商务活动，实现随时随地、线上线下的购物和交易、在线电子支付以及其他各种金融活动和相关服务。目前，移动电子商务已经逐渐成为电子商务发展的主要趋势。

（3）按照交易对象划分，可分为企业对企业的电子商务 B2B，企业对消费者的电子商务 B2C，企业对政府的电子商务 B2G，消费者对政府的电子商务 C2G，消费者对消费者的电子商务 C2C 等模式。

B2B（Business to Business）模式是商家（泛指企业）对商家的电子商务，即企业与企业之间通过互联网进行产品、服务和信息的交换，他们使用 Internet 技术或各种商务网络平台完成商务交易的过程。这些过程包括发布供求信息，订货及确认订货，支付过程，票据的签发、传送和接收，确定配送方案并监控配送等过程。我国著名的电子商务网站阿里巴巴最早发展的就是 B2B 模式电子商务。

B2C（Business to Customer）模式是中国最早产生的电子商务模式，也是人们最熟悉的一种电子商务类型，交易起点为企业，终点为消费者，基本等同于电子零售。这种形式随着网络的普及和迅速发展，现已形成大量的网络商业中心，提供各种商品和服务。如京东商城就是典型的 B2C 模式电子商务企业。

B2G（Business to Government）模式是企业与政府管理部门之间的电子商务，这种商务活动覆盖企业与政府组织间的各项事务，如政府采购、海关报税等平台。

C2G（Customer to Government）模式是政府与消费者之间开展的电子商务。截至目前，我国基本实现了各级政府官方网站上线，公众可以查询其机构构成、政策条文、公告等信息。此外，C2G 电子商务的应用还致力于电子福利支付、个人税收征缴以及电子身份认证等方面的服务。

C2C（Consumer to Consumer）是消费者对消费者模式。C2C 商务平台就是通过为买卖双方提供一个在线交易网站，买卖双方在上面进行交易。如卖方可以主动提供商品上网拍卖，买方可以自行选择商品进行竞价。目前，我国的淘宝网是全球最大的 C2C 模式电子商务网站。

8.2 畜产品电子商务

随着互联网技术的普及，电子商务呈现出蓬勃发展的态势，已经深入到众多行业领域，并取得了理想效果。对于畜牧业来说，电子商务给其带来了全新的发展契机，运用先进的电子商务技术，借鉴其他行业发展经验，对促进畜牧业更好更快发展，具有十分积极的理论和现实意义。

8.2.1 畜产品电子商务概述

畜牧业是基础产业，我国牛猪羊等主要畜产品产量都位居世界前列。但是，畜产品市场波动频繁，价格大起大落，严重阻碍了我国畜牧业的健康持续发展。如何有效解决买难卖难、实现产销有效对接是畜牧业亟须解决的问题。整体而言，当前国内电子商务行业发展已基本成熟，网购已成为人们日常生活中不可或缺的一部分，信息化平台也是人们获取行业发展信息的首选途径，拥有大量的信息受众。对畜牧企业来说，若能将电子商务运营模式融入企业实际发展，就能有效降低自身产品流通成本，实现企业利益的最大化。并且借助电子商务平台，畜牧企业能够直接将畜产品销售给终端客户，能够快速掌握市场环境动态及消费者需求，不断完善自身服务体系，达到提升服务质量的目的。

基于农畜产品电子商务模式的重要地位，2020 年国家加强了农产品电子商务发展过程中各个环节的建设，出台相应的政策支持，如《国务院办公厅关于促进农村电子商务加快发展的指导意见》《推进农业电子商务发展行动计划》等，为农产品电子商务的发展方向提供了政策指导。

农产品电子商务研究成为国内热门话题，畜产品作为农产品重要的一部分，也开始受到资本市场的青睐。很多互联网企业也开始涉足畜牧业，把资本投放到了畜牧领域板块。如丁磊开启了互联网养猪，刘强东推出了"跑步鸡"，李彦宏涉足智能养殖大数据项目等。借助电子商务，畜牧业将实现新的飞跃。

"村村通"工程、智能终端普及、基础网络设施建设，使畜产品电子商务逐步具备硬件条件。国家和地方政策性支持，消费者网络购物习惯逐步建立，知名互联网公司和中大型制造业进军农村市场，使畜产品电子商务逐步具备软件条件。软硬条件的逐步具备，为畜产品电子商务发展，提供了天时、地利、人和的良好保障。

畜产品电子商务通常在互联网开放的网络环境下，买卖双方不见面进行畜产品商贸活动，实现消费者网上购物、商户之间网上交易和在线电子支付以及各种商务活动、交易活动、金融活动和相关服务活动。这种新型畜产品商业运营模式涉及畜产品企业信息化建设、畜牧网站开发、畜产品在线支付方案、畜牧企业资源计划、畜牧业数据库共享、畜牧业供应链整合、畜产品物流等。

目前，畜牧企业的电子商务战略一般采用三种模式。

（1）企业自行搭建和运行电子商务平台。这种模式适用于资金实力比较雄厚且有能力运营和维护电子商务平台，畜牧产品种类丰富、销售量大的企业。因为与搭建电子商务平台的成本相比，运营和推广的成本更是难以估计，所以没有资金和技术实力的企业是很难独立运作电子商务平台的。这种企业第一需要具备稳定的生产能力，能够保障产品稳定供应；第二需要具备严格的产品检疫程序和产品生产技术，保障产品质量安全；第三需要具备相关的技术、资金和人才等实力，保障自建电子商务平台良好运行，并借助高效的物流体系，实现产销环节的有效对接；第四需要具备获取和长期维护客户资源的能力，构建多元化的销售渠道，保障产品销量。

（2）与电子商务企业进行战略合作开展电子商务活动。企业借助第三方平台资源（例如阿里巴巴、京东等综合性电子商务平台）进行销售，企业与平台之间是代销或合作关系。这种模式下，第三方平台或与其他物流公司合作，或拥有自己独立的物流体系，确保产品运输体系完善。对于刚起步或者发展能力不足的企业来说，与实力较强的综合性电子商务平台合作，有利于其在集中实力保障产品质量的同时快速打开消费市场。例如新希望先后与顺丰、百度、京东等线上平台合作，伊利则持续推进与阿里巴巴、腾讯和百度等互联网企业跨界合作。

（3）利用第三方交易平台开展电子商务。专业畜产品电子商务平台一般由众多畜产品企业组建的合作社建立，或者由行业龙头企业建立其他企业后期入驻，进行畜产品的专业化销售，为消费者提供专业且多样化的消费选择。如中国饲料兽医网、中国畜牧产品交易网等都在致力于打造最好的畜牧产业链电子商务服务网络平台。这些专业的畜牧业第三方交易平台，已成为众多畜牧企业开展电子商务活动的主要平台，特别适用于中小畜牧企业。

除此之外畜牧电子商务在发展过程中，还不断创新营销模式。

（1）口碑营销模式。口碑营销是借助消费者将商品信息传递给潜在消费者的模式，通过口口相传的方式为商品积累良好的口碑，使更多消费者进行购买。微博营销是当前最为流行的口碑营销模式之一，这种营销模式分为迅速造势类和直接优惠类两种，可取得较好的营销效果，很多畜牧企业也抓住时尚浪潮，开展了微博营销。

（2）优惠券营销模式。很多商家通过发放优惠券来吸引消费者光顾，这种营销形式十分实用，可以给商家带来很大利润，但是对于平台的运营商来讲，其利润就很难估算了。随着市场的发展，优惠券无法使商家和用户建立更加直接的联系，因此存在一定的劣势。

（3）微信营销模式。微信营销模式便于商家对客户关系的管理，便于形成可持续的营销渠道，提高资源的利用率。它可以满足用户的朋友圈互动需求，也可以满足用户的即时性消费需求。相比于团购和优惠券模式，微信模式具有很大的发展空间。

（4）短视频营销模式。当前我国短视频新媒体产业高速发展，畜牧企业已经开始利用短视频新媒体进行营销推广，促进产品销售，加强品牌建设。借助于美食烹饪类、产品测评类视频的影响力，深入挖掘产品、产地的自然和人文魅力，用自然朴实的方式将这种魅力与产品巧妙结合，形成产品品牌价值的灵魂。

（5）移动支付。移动支付担负着资金流通的重任，对市场的重要性不言而喻。目前，在我国支付宝和微信已占据移动支付的绝大部分市场，其他新的移动支付方式也在不断涌现，其竞争力也不容小觑。

电子商务已成为畜牧行业发展的重要趋势，也是推动畜牧行业发展的重要举措，畜牧企业应高度重视。在电子商务背景下，畜牧企业应改变传统管理经营方式，主动按照电子商务发展要求大胆创新，加强电子商务系统建设，借助互联网的强大优势，推动我国畜牧行业快速发展。

8.2.2 畜产品物流运输

电子商务的发展依赖于灵活高效的快递物流运输，物流配送能力直接影响消费者体验，是影响电子商务企业交易额的核心竞争因素之一。

物流是包括运输、搬运、储存、保管、包装、装卸、流通加工和物流信息处理等基本功能，是由供应地流向接受地以满足社会需求的经济活动。畜产品的运输经常需要使用冷链物流，冷链物流指冷藏、冷冻类食品在生产、贮藏、运输、销售，到消费前的各环节中始终处于规定的低温环境，以减少食品损耗，保证食品质量的一项系统工程。它是随着科学技术的进步、制冷技术的发展而建立起来的，是以冷冻工艺学为基础，以制冷技术为手段的低温物流过程，是需要特别装置，注意运送过程、时间掌控、运输形态，物流成本占比较高的特殊物流形式。

畜产品电子商务实现的订单交易，受物流运输的影响和制约。畜产品物流特点主要有以下几个方面：

（1）畜产品多属于鲜活类产品。与其他类型产品物流配送不同，畜产品物流储存配送服务的产品更多是鲜活类产品，该类产品对物流时效性具有很高的要求，企业需要针对畜产品流通配置先进的物流管理技术，如冷链物流技术。对于鲜活类产品利用冷链物流技术，不仅能够提高产品的新鲜质量，保障人们的饮食健康，还可以提升物流配送效率。另外，在进行活畜运输配送作业时，物流工作人员还需综合考虑活畜的饲养、活动空间以及防震、防抖等其他因素。

（2）畜产品物流储运特征明显。畜产品流通市场旺季上市较为集中，商家需求量会明显增加，需要企业提供高频次的运输服务。为此，企业需要做好旺季工作预案，合理配置运输工具和冷链储存设备等，确保旺季畜产品物流配送的持续稳定，避免造成企业和物流公司不必要的经济损失。

（3）畜产品运输对物流技术要求高。由于畜产品多是鲜活类产品，其运输配送服务对物流管理技术提出了更高要求。如活畜运输管理过程中要考虑活畜的生命特征，鲜肉产品则需要全程冷链物流配送。另外，在畜产品配送前还需加强对产品质量的检验检疫，该项工作需要使用专业的质量检测技术，由专业人员负责完成，而相对的市场消费者是难以通过自身生活经验，对产品质量进行科学判断。

（4）畜产品不适合长途运输。与普通产品物流配送不同，畜产品物流配送不适合长途运输，否则会导致畜产品的物流配送成本升高、损耗增大。此外，由于我国畜产品的加工生产较为分散，企业要想进行大规模集运比较困难。因此，企业通常遵循就近供应的原则，这样不仅能够提高物流配送效率，还能有效保障畜产品的配送质量。

畜产品的时效性、易腐性、安全性等生物学特性，要求物流配送过程中有专业技术和配套物流设施支持。畜产品电子商务要求的冷链物流运输具有批量小、频次多、环节多、成本高、损耗大等特性，从而导致其物流成本比其他普通物流高出许多。其他发达国家采用的畜产品冷链物流系统作为主要流通手段，通过对畜产品全程冷控，保证畜产品安全与新鲜。当前，我国在畜产品冷链物流方面，缺乏上规模的第三方冷链物流企业，物流运输大多是采用改装后的传统箱式卡车，运输速度和产品安全保障能力有限。因此，将畜产品电子商务的物流运输融合到传统分销物流体系中，优化畜产品电子商务冷链物流的运输，在提高畜产品冷链物流服务水平的同时，降低物流的运输成本，对促进畜产品电子商务发展，提高畜产品冷链物流效率，有着极其重要的现实意义。

8.3　畜牧企业网站建设

现代信息社会里，电子商务可以使掌握信息技术和商务规则的企业或个人，系统利用各种电子工具和网络，高效率、低成本地从事各种以电子方式实现的商贸活动。从应用和功能方面来看，可以把电子商务分为三个层次，即 Show、Sale、Serve。Show（展示）就是提供电子商情，企业以网页形式发布商品和其他服务信息。Sale（交易）是将传统交易全过程通过网络以电子方式来实现，如网上购物等。Serve（服务）是指企业通过网络开展的与商务活动有关的各种售前和售后服务。

企业是开展电子商务的主角，而电子商务网站是企业开展电子商务的基础，是实施电子商务的商家与服务对象之间的交互界面，是电子商务系统运转的承担者和表现者。

8.3.1　网站建设概述

目前，国内畜牧企业网站总体来说较少，从经济全球化和电子商务发展趋势来看，未来会有更多畜牧企业选择成本低、信息面广、效益高的网络营销宣传模式。畜牧企业网站建设可以为企业开展更精准的网络宣传和推广，为企业搭建功能齐全的网上营销平台，提供丰富、权威的行业资讯，促进行业人士之间的交流，简化整个产业链各个环节的沟通和贸易，节省企业的营销和物流成本。

畜牧企业网站一般包含畜产品市场信息、畜牧科技信息和畜牧服务信息等方面内容。

（1）畜产品市场信息。大型国家级畜牧网站、省级畜牧信息网站、大型畜牧业企业网站等不同级别、不同层次的畜牧信息网站，普遍设置有畜牧业生产和市场实时状态信息、国内外市场最新动态、畜产品和畜产品加工等市场供求信息，这些信息资源通常免费提供给用户，供用户参考。

（2）畜牧科技信息。不同级别、不同层次的畜牧信息网站上，一般都设有科学技术、科技推广等相关栏目。该栏目主要包括畜牧优良品种研发、畜禽疾病防治成果、兽医兽药研制、畜产品生产加工技术、畜牧业最新实用技术等信息。

（3）畜牧服务信息。不同级别、不同层次的畜牧网站上，一般都提供有畜牧行业展览会、交流会、畜牧业人才招聘等信息。随着 QQ 和微信等社交媒体的发展，通过网络讨论技术和市场等方面的交流急剧增加，逐渐形成了畜牧海量数据源。

目前，国内畜牧网站主要有猪牛羊养殖类网站、饲料销售类网站、畜牧综合类网站，以及其他相关服务类网站等，见表 8-1。

表 8-1　畜牧网站分类举例

类别	网站
猪牛羊养殖类网站	中国种猪信息网
	华夏养猪网
	牛羊 e 网
	牛农宝
	中国养羊网
饲料销售类网站	中国饲料行业信息网
	中国饲料在线
	中国饲料网
	东北饲料信息网
畜牧综合类网站	中国养殖网
	畜牧人
	爱畜牧
	中国畜牧业信息网
	中国畜牧网
其他相关服务类网站	牧通人才网
	中国兽医网
	中畜网畜牧交易中心
	中国兽药商城

其中，中国养殖网（https://www.chinabreed.com）是目前我国乃至世界访问量最大的畜牧门户网站。它创立于 1999 年 10 月，由中国畜牧工程分学会和中国农业大学信息技术研究所主办，北京华牧智远科技有限公司承办。经过多年发展，现已成为国内流量最大、知名度最高的畜牧养殖类综合服务网络。中国养殖网定位专业，以推广普及信息技术在养殖行业的应用为己任，全方位提供养殖行业的发展动向、科技动态、供求信息、产品报价、企业宣传和网站建设等服务，赢得了行业尊重和用户信任。

8.3.2　网站建设流程

企业电子商务网站的建设流程，主要包括网站策划、网站环境建设、网站功能设计与开发、网站测试与发布等多个环节。

（1）网站策划一般包括以下几个方面：

1）确定网站建设目标。企业建立网站主要目的是宣传推广、沟通交流、提供信息资讯和技术支持，以及实现网上交易，进而提升企业内部业务和对外业务的信息化水平。企业需根据自身实力和条件，制订切实可行的目标开展电子商务，并随着网上业务规模增长，逐步提高目标层次。企业可以通过考察目前存在的问题，选择相应的电子商务手段加以解决，并且将要解决的问题作为开展电子商务的目标。

2）网站业务定位。电子商务网站具有多种业务经营模式，需要企业根据技术能力、市场环境和掌握资源等信息，综合分析网站定位。企业可将自身商务需求、产品特色和行业特点，作为定位选择的出发点。通过对企业商务需求的研究，分析可以上网开展的业务，从企业最迫切的需求入手，根据企业薄弱环节以及产品特色和行业特点，确定企业网站业务定位。业务发展关系到企业未来的核心竞争力，是电子商务网站建设的重点，要精心规划，慎重研究。

3）目标客户的调查与分析。调查与分析目标客户，了解网站的服务对象和用户需求，规划设计符合目标客户群需求的商务网站，并为之提供所需产品和服务，从而满足他们的兴趣与爱好，吸引其注意力，这样可以使企业网站不仅仅只停留在企业形象宣传、信息发布和简单的信息浏览层面，还能使网站真正满足客户需求，解决用户痛点问题，提高网站从同类站点中脱颖而出的概率。

4）可行性分析。网站实施的可行性分析，主要包括技术可行性分析和经济可行性分析。其中，技术可行性分析是指构建与运行电子商务网站所必需的硬件、软件以及相关技术对业务流程的支撑分析。经济可行性分析是指构建与运行网站的投入和产出效益分析，从经济角度分析网站系统的规划方案有无实现可能和开发价值，以及分析网站系统所带来的经济效益是否超过开发和维护网站所需费用。

（2）网络环境建设一般包括以下两个方面：

1）域名申请。域名是因特网上一个服务器或一个网络系统的名字，是互联网上识别和定位计算机的字符标识，可以通过域名解析关联到服务器 IP 地址。域名可以通过域名注册服务机构（如阿里云等）申请注册。域名的一般格式由协议名、主机名、网络名、所属机构名和顶级域名构成，见表 8-2。

表 8-2　域名的一般格式

单位名称	协议名	主机名	网络名	所属机构名	顶级域名
中国畜牧兽医信息网	http://	www	.nahs	.org	.cn
中国农业科技信息网	http://	www	.cast	.net	.cn

域名所有权采用"谁先注册谁使用"的原则，只要域名没有被注册，任何个人和单位均可申请注册。一般来说，注册英文国际域名没有限制，但是.cn 域名和中文域名需具有法人资格的单位才能注册。另外，.gov 和.gov.cn 域名必须是政府机构才可以注册。域名注册过程如图 8-2 所示。

域名查询，确认是否被注册 　申请注册提交材料　注册审核　缴费生效

图 8-2　域名注册过程

2）确定服务器端解决方案。只有域名还不够，还需要有服务器空间。就像注册了一个公司，但无法立即开始业务，因为还需要有办公场所。拥有了域名之后，还必须要有网上的经营场地，即服务器空间。常见的解决服务器空间方式有虚拟主机、服务器托管、自建服务器等多种方式。另外，还需要选择服务器端软件。服务器操作系统常见的有 UNIX、Linux、Windows 等，Web 服务器软件有 MicrosoftIIS、Apache、Tomcat 等。

（3）网站功能开发与设计。网站内容整理，为网站准备充足的文字、图片和多媒体资料，将信息传递给访客。网站作为一种媒体，信息自然是核心和根本。网站页面整体要简洁大方，能清晰显示产品分类和相关行业信息。不会重复链接到同一页面或没有实际价值的功能。页面背景颜色、图片要求色调符合行业特征，以沉稳、庄重、朴实、柔和的风格为主，整个网站色彩种类不宜过多，色彩之间要平衡，有对比和过渡。网站应具备多种功能，如信息发布、新闻系统、搜索功能、用户管理、网上订购、信息反馈、在线业务等，这些都要通过网站开发来实现。登录、注册、发布信息等操作要求简单便捷，以满足不同操作水平用户的要求和习惯。页面和框架布局合理，背景色、图片、字体等内容色调搭配合理，要具有吸引力。给用户留下良好的浏览体验，最终展示页面能很好地引导用户，清楚显示系统的主要功能。

（4）网站的测试与发布。网站在发布前，应该确认所有的文本和图像都放在正确位置，且所有的链接都能正常操作。在全部完成后进行整体功能的内部测试，并按照测试后的反馈结果，进行相应修改完善，以达到网站的上线目标。

网站测试修改完毕后，就可以发布站点了，即将设计好的网页存放到 Web 服务器上，供用户浏览使用。

8.3.3　网站维护与推广

网站上线之后并非一劳永逸，网站维护是一项艰巨且繁重的工作。网站成功上线后，长期的维护工作才刚刚开始。一个好的网站需要定期维护，才能不断吸引更多访客，增加点击量。

网站维护工作主要包括网站服务器的软硬件维护、网站信息管理和维护等。

网站硬件的维护工作一般无需过多操心，但也需要注意网站的访问响应时效，遇到不能访问的情况，要及时处理。对于企业来说，每一位访问者的体验都至关重要。在访问高峰期，做好网站访问的稳定性测试，保证忙时访问正常。同时，定期检查系统漏洞、网站访问 log 记录、系统进程、资源利用率、带宽利用率、系统关键部位、网站容量等，并做好文档记录。

网站内容要定期更新，才能吸引客户访问。网站上存放着大量信息，因此，网站信息维护就成了网站日常管理中最重要的工作。网站更新要持续、有规律，坚持定时、定量的信息更新，有利于被搜索引擎收录，有利于增加更多关键词排名，更有利于已有关键词在搜索引擎排名提升。网站要不断地完善和优化，如网站响应速度优化、网站死链接问题处理，错别字及 bug 修正。另外，还要保证网站文章的原创性，原创文章有利于网站排名。

网站推广是以互联网为基础，利用数字化信息和网络媒体的交互性，来辅助目标实现的一种新型营销方式。简单地说，网站推广就是以互联网为手段，为达到一定营销目的的推广活动。常见的推广方法包括导航网站注册、友情链接导入、搜索引擎排名、网络广告投放、邮件广告、微博营销、微信营销等。

课后练习

一、选择题

1. 电子商务的任何一笔交易都由（　　）组成。
    A. 商流、资金流、物流　　　　B. 信息流、商流、物流
    C. 信息流、商流、资金流　　　D. 信息流、资金流、物流
2. 下列关于电子商务的说法正确的是（　　）。
    A. 电子商务的本质是技术　　　B. 电子商务就是建网站
    C. 电子商务是泡沫　　　　　　D. 电子商务本质是商务
3. 以下（　　）不是按照使用的网络分类划分的电子商务类型。
    A. EDI 电子商务　　　　　　　B. 因特网电子商务
    C. 物联网电子商务　　　　　　D. 移动电子商务
4. 在电子商务分类中，B2B 是（　　）。
    A. 消费者与消费者间的电子商务　B. 企业间的电子商务
    C. 企业内部的电子商务　　　　D. 企业与消费者间的电子商务
5. 畜牧企业网站一般不包含（　　）。
    A. 畜产品物流信息　　　　　　B. 畜牧业科技信息
    C. 畜牧业服务信息　　　　　　D. 畜产品市场信息

6. 网站维护主要包括（　　　）。

①服务器硬件维护　②服务器软件维护　③网站信息管理　④网站信息维护

A. ①②　　　　　　　　　　　B. ①②③

C. ①②③④　　　　　　　　　D. ①③④

二、填空题

1. 电子商务是以_____为基础进行的商务活动。

2. 电子商务的基本组成要素包括_____、_____、_____、_____、_____和_____。

3. 畜牧企业发展电子商务的三种模式是_____、_____、_____。

4. 网站实施的可行性分析，主要包括_____和_____。

5. 目前解决服务器空间的方式有_____、_____、_____。

三、简答题

1. 简述畜产品电子商务的特点。

2. 简述畜产品物流的特点。

3. 简述电子商务网站的建设流程。

4. 简述网站推广的基本方法。

四、思考题

1. 思考畜牧电子商务现阶段出现的新营销模式都有哪些？这些营销模式适合畜产品营销吗？

2. 在网络上查找一家畜牧企业网站，分析网站建设情况，尝试给出改进建议。

第9章　畜产品信息溯源

随着民众生活水平和维权意识的不断提高，消费者对食品安全监管透明公开的呼声日益高涨。以物联网、大数据、云计算等为代表的新一代信息技术，在现代畜牧生产中被广泛应用，使得生产信息溯源成为了可能。畜产品信息溯源能够有效提高食品安全监管水平，增强消费者信心，提升产品国际竞争力。本章将在简要介绍信息溯源的基础上，深入分析畜产品信息溯源涉及的关键技术，并以猪肉信息溯源为案例，详细讲述生猪饲养、屠宰分割、冷链运输和商超销售的全程信息溯源。

学习目标

- 理解信息溯源对食品安全的意义。
- 了解常见的信息溯源数据模型。
- 掌握畜产品信息溯源的关键技术应用。
- 了解猪病防治等专家系统应用。
- 了解巡检机器人在猪胴体分割中的应用。
- 理解各生产环节信息溯源的数据关联。

9.1　信息溯源概述

溯源，即追本溯源，探寻事物发生的根本或源头。信息溯源是一种食品安全管理制度，覆盖了商品的生产、加工、运输和终端销售整个生产链，面向终端消费者开放，对食品安全监管具有重要意义。

9.1.1　信息溯源定义

信息溯源是一个新兴的研究领域，最早起源于 20 世纪 90 年代，起初被称为数据日志或数据档案，后来又被称为数据溯源，有追踪数据起源和重现数据历史状态的含义。这里我们说的信息溯源是从数据应用的角度出发，借助于各种技术手段对商品进行追本溯源，探寻"商品—销售—流通—生产—原材料"的整个信息流，突出强调数据追踪的过程和方法。

目前，信息溯源还没有一个公认的定义，因其应用领域不同而定义各异。有学者认为信息溯源是"对目标数据衍生前的原始数据以及演变过程的描述"，或是"一种用来记录工作流演变过程、标注信息以及实验过程等数据的信息"，或是"数据及其在数据库间运动的起源"等。即便学者对信息溯源定义形式不同，但总体表达上都是"记录原始数据在整个生命周期内（从原材料、生产到流通、销售、传播等）的演变信息和演变处理内容"，强调的是一种溯本追源的技术，根据追踪路径重现数据的历史状态和演变过程，实现数据历史档案的追溯。

1997 年，欧盟为应对"疯牛病"问题逐步建立并完善了食品信息溯源制度。该制度由政府主导实施，覆盖食品生产、加工、终端销售等整个食品产业链，借助多种终端设备将信息对终端消费者开放，实现信息共享。当消费者发现食品质量问题时，可以将食品标签上的溯源码反映给政府监管部门，监管部门通过相应的信息管理系统进行联网查询，获取该食品的生产企业、生产日期、操作员、原材料来源等相关信息，进而明确事故责任。同时，消费者还可以借助溯源码，进行商品关键生产环节的视频信息查询，形成完整且行而有效的市场监管体系。

信息溯源制度对提高食品安全水平有着重要意义，它加大了对食品行业的约束和监管力度，能够准确界定事故责任，有效保障消费者权益。目前，信息溯源技术已被广泛使用，除食品以外，在药品、服饰、电子、渔业等各行各业都能见到它的影子。

9.1.2 信息溯源模型

建立数据模型是信息溯源的关键环节，由数据模型再确定信息溯源的基本思路和大体步骤。

从数据溯源信息管理的角度出发，有学者提出了异构数据的数据溯源概念，即采用 X 轴表示时间、Y 轴表示过程、Z 轴表示数据的异构分布特性。将数据溯源信息保存到不同的数据库中，形成携带溯源信息的异构数据库，通过数据库接口和数据转换工具，汇聚成为目标数据库。该过程的逆过程经历路径，能够实现数据溯源的各种操作（如数据追踪、信息评估、过程重现等），从而完成数据溯源任务。

目前，信息溯源的数据模型种类繁多。其中常见的有 Provenir 数据溯源模型、数据溯源安全模型和 PrInt 数据溯源模型等。它们从不同角度、不同层次，针对数据溯源的不同特性各有侧重。

Provenir 数据溯源模型是由 Sahoo 等提出的，该模型使用了 W3C 标准对模型加以逻辑描述，充分考虑了数据库和工作流两个领域的具体细节，从模型、存储、应用等多个方面形成了一个完整的体系，成为首个完整的数据溯源管理系统。该模型提供对数据产生历史的元数据、原数据、修改元数据等功能，并使用物化视图的方法有效解决了数据溯源的存储问题。

数据溯源安全模型是针对数据溯源安全性提出的一种数据溯源模型。数据溯源技术能够溯本追源，通过其起源链的记录信息来实现追源的目的，但是记录的信息本身也是数据，也同样存在安全隐患，必须彻底防范溯源数据被恶意篡改或破坏。该模型利用密钥树再生成的方法，并引入时间戳参数，能够有效防止恶意篡改溯源链中的溯源记录，对数据对象在生命周期内修改行为的记录按时间先后组成溯源链，用文档记录数据的修改行为。

PrInt 数据溯源模型是一种支持实例级数据一体化进程的数据溯源模型，该模型主要集中解决一体化进程系统中不允许用户直接更新异构数据源而导致数据不一致的问题。其中，由 PrInt 提供的再现性是基于日志记录的，它还将数据溯源纳入了一体化进程。

9.1.3 信息溯源应用

信息溯源最早主要应用于数据库、数据仓库系统中，后来逐步发展到对数据真实性要求较高的其他各个领域，如生物、食品、考古、医学、保密等。

近年来，"毒奶粉""病猪肉""毒火腿"等食品安全问题屡次发生，引起了民众对食品安全的严重担忧。同时，随着居民生活水平和消费能力不断提高，民众对高品质生活追求也不断被激发。以往普通消费者难以承担的高档食品，也逐渐走上了普通百姓的餐桌，"丁家猪""跑步鸡""虫草蛋"等高端消费也被广大消费者所接受。京东"跑步鸡"如图9-1所示。

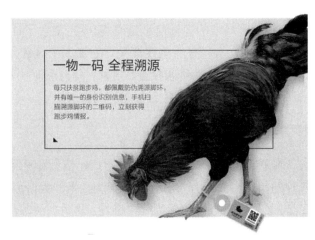

一物一码 全程溯源

每只扶贫跑步鸡，都佩戴防伪溯源脚环，并有唯一的身份识别信息，手机扫描溯源脚环的二维码，立刻获得跑步鸡情报。

图9-1　京东"跑步鸡"

以大数据、云计算、人工智能等前沿技术为代表的第四次工业革命已扑面而来，它给传统行业带来了前所未有的技术创新。尤其是信息技术相对落后的畜牧业领域，更是迎来了翻天覆地的深刻变革。无线射频识别技术、温湿度传感器、全球卫星定位、地理信息系统、虚拟仿真、农业机器人等信息技术和设备被运用到了畜牧生产中。同时，结合数据存储和互联网等信息技术，实现了畜牧生产数据采集的自动化、智能化，从而有效提高了生产效率，降低了生产成本，实现了传统企业由粗放式管理向精细化管理的转变，逐步实现了生产规模化、自动化、智能化和国际化。

由于畜牧生产采用了物联网设备采集数据，极大程度地减少了人工干预，从而有效提高了数据采集的效率和正确率，大幅度降低了数据采集成本。使得重复乏味的数据采集转向了"无感"自动采集，进而得到了生产一线工人的支持。生产效率不断提高，网络传输速率愈来愈快，数据传输和存储成本在不断下降，数据分析结果又能够优化企业生产，提高产品竞争力，企业也愿意积极参与。通过有效衔接生产数据、运输数据和销售数据，形成信息溯源完整的数据流，消费者就可以在购买商品时轻松获取商品生产信息，从而提高商品监管的透明度，增加消费者的消费信心。

2008年奥运会期间，北京接待的奥运代表、新闻工作者、各国观众约750万人，这些人的用餐安全无疑是极其重要的。因为它涉及人身安全和国际形象，也是北京奥运会能够成功举办的重要保障。为保证奥运食品供应安全，北京市在2005年7月启动了"奥运食品安全行动计划"，针对奥运食品涉及的生产、加工、运输、仓储、包装、检测和卫生等各环节进行拉网排查，实行食品生产监控和追溯。

食品流通不仅涉及生产、加工、运输、仓储和配送诸多环节，而且还关联着生产厂家、物流公司、运输车辆，对食品流通的监控和管理要求食品安全管理系统能够在食品流动过程中监控，能够很方便地进行信息采集、传输、汇总和查询等。

航天金卡根据奥运食品安全的特点提出了奥运食品追溯系统解决方案，该系统是以 RFID 电子标签为基本流动数据载体和信息单元，采用先进的数据传输技术、计算机网络技术、数据库技术，使得奥运食品的管理形成一个完整的、动态实时的人机系统，有效保障了奥运会的食品安全。

9.2　信息溯源的关键技术

信息溯源的根本在于整个生产环节的大数据支撑以及数据的真实性、完整性和可靠度。传统的人工管理显然无法胜任，这就需要使用各种物联网设备自动采集生产数据，区块链等技术来保障传输数据的真实可靠。

9.2.1　RFID 技术

数据采集是物联网感知层最关键的技术。目前，常用的数据采集方法有条形码和 RFID 技术。其中，条形码又分为一维条形码（俗称条形码）和二维条形码（俗称二维码）。条形码具有成本低、易实现等优点，被广泛应用于商超商品标识。相对于一维条形码而言，二维码支持高密度编码，具有信息容量大的优点，常用于各种商业活动、网络链接和信息存储。RFID 技术相比前者两种条形码来说，能够很好地克服恶劣环境和安全因素影响，实现无接触双向通信，被广泛用于工业生产和贵重物品防伪。同时，随着 RFID 技术的不断成熟和成本下降，其运用范围也愈加广泛，大家留意周边，不难发现它的身影。

从农产品信息溯源的角度来看，RFID 技术主要有以下应用。

（1）动物个体识别：通过在动物身体上佩戴 RFID 标签，可以实现动物个体的唯一标识。

（2）商品防伪：在物品包装上安装一次性启封 RFID 标签（启封时会破坏 RFID 标签的完整性），实现贵重物品的防伪。高端肉类的 RFID 防伪标签，如图 9-2 所示。

图 9-2　RFID 防伪标签

（3）车辆识别：在车辆上安装高频 RFID 标签，能够实现运输车辆的自动识别、追踪和计费。

（4）物品追踪：在商品上安装 RFID 标签，通过非接触、穿透式、移动标签识别，实现物品追踪。

（5）身份识别：采用 RFID 电子证件（如工作证、身份证等），实现用户身份识别。

除了上述 RFID 应用以外，更为重要的是 RFID 标签作为一个数据存储芯片，可以存储唯一识别个体的关键字（如 ID 编号等），进而借助网络和信息管理系统可以实现更多数据操作，甚至可以由信息管理系统通过自动控制装置，实现自动化控制。如在生猪自动屠宰生产线上，当生猪个体经过阅读器时，阅读器读取 RFID 标签信息，并通过网络传输给信息管理系统；信息管理系统首先存储生猪标签数据，并启动流水线上巡检机器人等设备进行工作；再将生产数据与 RFID 标签进行关联存储，最后对数据进行分析，形成指导性建议，进而改进生产。

9.2.2　传感器

温度传感器、湿度传感器、氨气监测传感器和光照传感器等是畜牧生产环境监控的重要设备，它们的工作原理基本一致。如温湿度传感器是采用温湿度探头作为探测元件，将温度和湿度信号采集过来，经过稳压滤波、运算放大、非线性校正、V/I 转换、恒流及反向保护等电路处理后，转换成与温度和湿度呈线性关系的电流信号或电压信号输出，也可以直接通过主控芯片进行输出。同时，还有很多设备将 Wi-Fi 功能模块集成到了传感器上，通过信息管理系统经过网络向传感器发送控制指令，完成开关传感器控制、数据采集和数据传输，从而实现客户端对终端数据的访问。

结合农产品生产管理和产品销售，从信息溯源的角度来看，传感器的应用主要有以下几个方面。

（1）温度监测。通过部署温度传感器，监测各种养殖场、分割车间、冷链运输车厢、包装箱的实时温度，实现温度数据采集、调温设备控制和异常报警。

（2）湿度监测。通过部署湿度传感器，能够实时监测动物生产、养殖环境的湿度，实现湿度数据采集、调节设备控制和异常报警。

（3）氨气浓度检测。在动物生产环境安装氨气浓度传感器，实现生产环境的氨气浓度检测，并在氨气浓度超标时启动预警。育种猪舍的氨气监测装置，如图 9-3 所示。

（4）光照控制。利用光照传感器，检测周围环境光照强弱，适时启动和调节自然采光和室内灯光。

基于新冠肺炎疫情防控工作的需要，许多新型传感器和科技产品投入到了畜牧生产，如红外热成像系统，使用红外热成像技术实现了体温快速监测，其温度测量精密度可以控制在±0.2℃。未来必将会有更多的高新科技运用于畜牧生产，进而提高生产效率，改善生产环境。

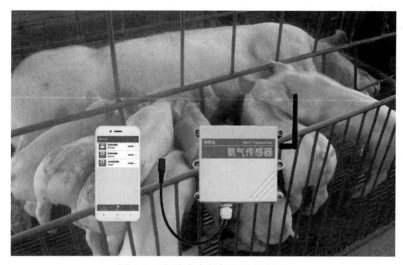

图 9-3　育种猪舍的氨气监测装置

9.2.3　全球定位系统

全球定位系统 GPS 是一种以人造地球卫星为基础的高精度无线电导航定位系统,它在全球任何地方以及近地空间都能够提供准确的地理位置、车行速度和精确时间等信息,有高精度、全天候、全球覆盖、方便灵活等诸多优点。继 GPS 之后,我国完全自主研制的北斗卫星导航系统 BDS 也已成熟,成为联合国卫星导航委员会认定的全球四大供应商之一(美国的 GPS、俄罗斯的 GLONASS、欧盟的 GALILEO 和中国的 BDS)。我国西北地区牧民采用北斗卫星放牧,如图 9-4 所示。

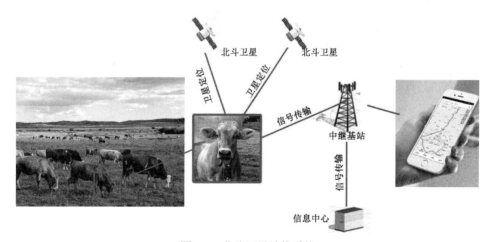

图 9-4　北斗卫星放牧系统

借助于卫星定位系统,实现对行驶车辆的实时定位,在企业管理和生产中具有举足轻重的作用。结合现代畜牧生产和销售,除了对日常运输车辆的定位管理以外,还能够通过收集分析车辆运行轨迹数据,优化运输路线等,进而提高运输效率,保证管理决策科学性和运输实效性。

9.2.4　视频采集

视频采集是利用视频采集设备，通过专用的模拟、数字转换设备，将模拟视频转换为二进制数字视频的过程。传统情况下，受采集设备和存储成本过高的影响，日常畜牧生产中视频采集使用率极低。目前，随着采集设备的成本不断下探，存储容量快速增加，存储设备价格日益降低，网络数据存储技术的便捷高效以及消费者对商品溯源的渴求，使得视频采集在现代畜牧生产中被越来越多的使用。

（1）根据生产过程中的危害分析和关键控制点分析，进行视频采集点布控，实时或分时采集生产关键点视频数据，减少视频监控盲区，强化监管。

（2）在生产流水线上，采用巡检机器人（一种移动式视频监视设备，如图9-5所示）实现产品生产流水线上的跟踪视频采集，增加产品生产透明度。

图9-5　养殖场巡检机器人

（3）结合互联网技术，通过远程控制视频采集设备，根据用户需求启动或关闭视频采集，加强实时监控和互动交流。

（4）将产品生产过程中的关键环节进行视频采集，利用视频压缩技术和数据库技术有效管理视频数据，允许符合条件的移动网络访问，从而提升产品溢价能力。

9.2.5　地理信息系统

地理信息系统GIS是一门综合性学科，它结合了地理与地图学、遥感和计算机科学，对整个或部分地球表层（包括大气层）空间中的有关地理分布数据进行采集、储存、管理、运算、分析、显示和描述，被广泛应用于社会各种领域。GIS对于现代畜牧生产有着重要意义，它有助于畜禽养殖科学规划、合理选址、疫情防控和污染治理等。

（1）GIS数据对畜禽养殖区的科学规划、空间管控有重要参考价值，能够有效实现土地集约化利用和空间合理管控。

（2）GIS 能够降低畜牧生产引起的环境污染、违规建筑等方面的监控成本。

（3）利用 GIS 的空间分析和数据管理等功能，可以实现对畜禽疫情防控空间特征及扩散规律研究分析，为疫情防控提供决策依据。

9.3　猪肉信息溯源案例

我国是世界上最大的生猪繁育、猪肉生产和消费大国。2016 年受生猪价格同比上涨和玉米价格同比下跌等因素影响，猪粮比不断提高，生猪养殖盈利水平处于历史最高水平。根据农业部 4000 个监测点的生猪存栏信息，2016 年能够繁育的母猪数量呈稳定上升迹象，规模企业的生猪产能持续提升。2017 年我国生猪存栏量和出栏量稳中有增，规模化程度进一步加强，生猪出栏数持续保持全球领先水平。2016 年我国猪肉产量达 5299 万吨，其中规模以上生猪定点屠宰企业屠宰量达到 2.09 亿头。在猪肉消费结构方面，我国是全球最大的猪肉消费国，年均消费猪肉 5000 万吨以上。在产业化发展推动和消费者消费观念转变的影响下，猪肉作为普通消费者餐桌上的主要肉类食品，成为国人动物蛋白摄入的主要来源，在全部肉类食品消费中占比达 60%左右，是国家"菜篮子"工程的重要组成部分。预计未来几年我国的猪肉消费将进一步增加，猪肉产量也将不断攀升，并长期保持在世界领先水平。

目前，我国畜产品生产过程中还存在一定的添加剂与兽药使用不规范、动物防疫不到位、畜产品质量安全执法力度不足以及环境污染与加工运输过程中的二次污染等问题，导致我国虽然连续多年猪肉产品产量和增速保持世界第一，但食品安全水平却与世界先进国家相比存在明显差距，食品安全问题也一度成为"两会"讨论的热门话题。

国内的食品安全问题不仅给消费者的健康造成了威胁，也给我国社会经济发展带来了严重的影响，使得我国肉类出口屡受限制。2016 年我国出口猪肉 4.9 万吨，在 2015 年下降 12.2% 的基础上，持续下降 31.9%。相比之下，2016 年我国猪肉进口量为 162 万吨，比 2015 年增长了 108.2%，出现了猪肉进出口的巨大逆差。

2018 年爆发的非洲猪瘟导致我国生猪产能急剧下降，2019 年全国生猪出栏量仅为 5.44 亿头，较 2018 年下降了 22%。随着非洲猪瘟疫情逐步平稳，2019 年下半年能繁母猪存栏量环比增速由负转正，刚迎来生猪补栏周期，却又遇到了新冠肺炎疫情。新冠肺炎疫情对生猪养殖和供应带来了巨大影响，如饲料供应不足、运输道路不畅以及员工复工不及时等带来的生产力不足等。

出于提高产品国际市场竞争力、加大产品生产的过程监管、应对突发疫情等多种考虑，未来的畜牧生产将逐步从分散经营向规模化生产转变，从生产组织与服务向专业化方向转变，从机械化生产向自动化控制转变，从传统畜牧业向生态畜牧业转变，最终实现生产的规模化、专业化、自动化和生态化。

如何才能让消费者买得放心、吃得安心，提高食品安全水平，增加猪肉出口量，已成为政府和企业亟须解决的重要课题。在经济全球化、信息网络化、生产国际化的大背景下，信息技术的发展水平已经成为衡量国家综合国力的重要指标。2015 年李克强总理在《政府工作报告》中提出了"互联网+"的概念，并纳入了国家行动计划，随之越来越多的畜牧企业纷纷尝试，加入了"互联网+"行动。

完整的猪肉生产信息溯源涉及生猪生产（如种猪繁育、生猪养殖、生猪流通等）、屠宰加工（生猪屠宰、胴体分割等）、猪肉销售（商超采购、猪肉销售、仓储管理等）和物流运输等多个环节。

9.3.1 养殖场数据管理

为了加强养殖场的规范管理，现代化的猪场都普遍采用了 RFID 技术识别生猪个体（即在生猪身体上安装 RFID 标签，如耳标、脚环等）、温湿度传感器实现温湿度异常预警、视频监视采集关键生产过程等。

（1）RFID 识别个体。种猪场有着大量的仔猪，按中等规模的种猪场来估算，基本上每周都有 500 多头仔猪出生。仔猪的数据采集工作量巨大，传统的人工统计方式存在低效、易错等诸多问题。佩戴 RFID 耳标（图 9-6）是一个很好的解决方案，饲养员对仔猪统一安装具有唯一标识的耳标，耳标内嵌 RFID 标签，标签内存储仔猪个体识别编号，借助于 RFID 阅读器实现不接触数据读写。这样大幅度优化了工作流程，提高了工作效率，降低了重复统计、统计错乱等问题。

图 9-6　仔猪 RFID 耳标

一般情况下，仔猪在断奶后、转群前开始佩戴 RFID 电子耳标，耳标中存储有其个体识别码，相当于人的身份证芯片。该识别码除了保存其个体信息外，更为重要的是它作为生猪唯一标识在信息管理系统中可以实现数据关联。通过它可以关联出种猪和祖代的相关信息，形成种猪育种记录血缘族谱，对种猪提纯和二元、三元杂交繁育有着重要意义。

生猪养殖过程中，RFID 耳标作为生猪唯一标识，是其整个生长周期中完成数据自动采集的重要装置。在猪场安装门禁式 RFID 阅读器（图 9-7）或使用手持 RFID 阅读器，信息管理系统通过网络对耳标（含高频 RFID 标签）发送相关读写指令，从而完成无接触、无感知的数据采集和改写，可以完整地记录生猪生长过程中全部重要数据，如采食频率、采食量、体重变化、疾病防治和用药记录等。

图 9-7　门禁式 RFID 阅读器

相比传统人工数据采集来说，RFID 采集数据在采集效率、正确性和数据完整性等方面有着得天独厚的优势。准确、完整的生产过程数据是数据溯源的基础，也是能够实现未来复杂信息溯源的根本支撑。

2009 年，网易创始人丁磊启动了"丁家猪"计划以来，互联网跨界养猪的新闻屡见报道；阿里云与四川特驱集团、德康集团合作，将人工智能系统"ET 农业大脑"引入到猪场，开展了针对性地训练与研发；京东与中国农大联手打造了"丰宁智能猪场示范点"，引人瞩目地推出了"猪脸识别"技术；睿畜科技、农信互联等创业者的智能养猪系统也开始尝试落地到一些中等规模的养殖场。相比传统生猪养殖而言，互联网企业跨界养猪更是未来养殖业的新趋势，它们具有更为突出的信息技术优势，在一定程度上能够引领传统养殖转型到未来智慧养殖，实现技术革新。

（2）传感器监测环境。养殖环境是影响生猪生长与生产经济效益的一个重要因素，主要包括温度、湿度、光照、NH_3 和 CO_2 等有害气体浓度等因素。

温度是影响生猪生长速度和饲料转化率的重要因素，对生产性能存在着直接影响。同时，在不同生长阶段，猪对环境温度的要求也不尽相同，如保育猪舍要求 20～25℃，种公猪舍、空怀妊娠母猪舍要求 15～20℃，哺乳母猪舍要求 18～22℃，哺乳仔猪保温箱要求 28～32℃，生长育肥猪舍要求 15～23℃。猪舍湿度直接影响蒸发散热，保持猪舍干燥对猪群健康具有重要意义，猪舍适宜的相对湿度为 60%～80%。高浓度 NH_3 作用于猪只，可引起多发性神经炎、呼吸机能失调等；较低浓度的 NH_3，会降低生猪机体抵抗力，导致发育速度慢，易诱发重大疾病，甚至造成死亡。猪舍里 CO_2 对猪只生长也至关重要。当猪舍内 CO_2 超过一定量时，猪会感到呼吸困难、头晕、心悸、慢性缺氧，精神萎靡，甚至呼吸逐渐停止，直至死亡。一般猪舍 NH_3 浓度要求不超过 20mg/m^3，H_2S 含量不得超过 10 mg/m^3，CO_2 含量要求不超过 0.20%。同时，养殖环境的恶化不仅会影响猪的健康生长，还会对周围大气、土壤、水体造成污染。

规模化生猪养殖环境监控有助于提高猪群福利，促使生猪健康成长，进而提高畜牧养殖生产经济效益。同时，还能有效减少养殖业对外界环境的污染，助力实现养殖业可持续发展。通过在各类猪舍内安装温度传感器、湿度传感器、CO_2 和 NH_3 浓度传感器，就能够实现精确控制温度、湿度、CO_2 和 NH_3 气体浓度。再通过信息管理系统预设各项指标数据阈值，当传感器监测数据超标时启动预警机制，进而通过网络告知信息管理系统，再由信息管理系统远程启动温度、湿度调节和通风装置（如暖风、水帘和通风装置等），直至传感器监测数据达标。先进的物联网装置引入实现了猪群生活环境的精准控制，提高动物福利水平。

另外，根据母猪发情期体温活动性变化的规律，可以通过安装红外线体温检测仪，或者采用皮下、直肠体温接触式体温检测（如皮下植入芯片），获取精确的体温数据，发情监测有助于实现精确受孕，提高种猪育种效率。目前，基于温度传感器的植入式体温检测技术，已在部分育种猪场试验开展。

（3）猪病防治专家系统。目前，我国已知的猪传染病有 200 余种，常见的有猪口蹄疫、猪瘟等。生猪传染病具有疫病复杂、防治难度大的特点，稍有不慎就有可能造成重大经济损失。猪病防治专家系统收集了大量的猪病防治知识和经验，集该领域众多专家于一身，借助于信息管理系统能够利用众多专家的知识和经验，进行逐步推理、判断，并模拟专家进行决策，进而解决复杂的疾病防治问题。

专家系统现已在众多畜牧生产中得以推广应用，通过系统能够完成专家指导，解决养殖户见专家难、费用高、时效性差等问题，在现代畜牧业发展中发挥着重要作用。猪病防治专家系统目前在现代养殖企业已有应用，系统除了可以进行疾病诊断、疫病防控指导外，它还可以结合生猪 RFID 标签实现精准识别，详细记录每一头猪的生病和用药情况，进而加强对猪只的精细化管理，同时还能够实现用药的有效监管。

相比其他专家系统而言，目前的猪病防治专家系统还处于初期推广阶段，在系统的完善度和认可度等方面还有待进一步提升。同时，随着移动网络不断提质增速，远程视频通话质量不断优化，专家系统成本和易用度更加友好，未来猪病防治专家系统将会有更广阔的市场。

（4）相关溯源数据。养殖场数据管理主要是借助于生猪耳标唯一标识生猪个体，并由此关联种猪数据、采食记录、用药记录、分栏记录等整个生长过程的数据；借助于耳标与屠宰标签的对应关系，可以实现生猪养殖环节和屠宰分割环节的关联。

该阶段涉及的数据关系主要有生猪个体信息、种猪信息、分栏信息、采食信息和用药信息，以及围绕养殖展开关联的养殖场职工信息、猪舍信息等。

1）生猪个体信息，包括耳标 ID、种猪 ID、分栏 ID、用药 ID 等。其中，耳标 ID 作为该关系的主关键字，用于唯一标识生猪个体，并通过该关键字实现与其他关系的联系。

2）种猪信息，包括种猪耳标 ID、品种、来源、猪龄、胎次等。其中，种猪耳标 ID 作为该关系的主关键字，用于唯一标识种猪个体，并通过该关键字实现与生猪个体关系的关联。

3）分栏信息，包括分栏 ID、时间、去向、分栏类型、负责人等。其中，分栏 ID 作为该关系的主关键字，用于唯一标识分栏记录，并通过该关键字实现与生猪个体关系的联系。

4）采食信息，包括生猪耳标 ID、时间、采食量、负责人等。其中，生猪耳标 ID 和时间组合作为该关系的主关键字，用于唯一标识采食记录，并通过该关键字实现与生猪个体关系的联系。

5）用药信息，包括生猪耳标 ID、时间、病历、用药记录、负责人等。其中，生猪耳标 ID

和时间组合作为该关系的主关键字，用于唯一标识用药记录，并通过该关键字实现与生猪个体关系的联系。

上面列举的数据关系，仅仅是生猪养殖过程中的主要关系，在实际生产中的信息管理系统数据库后台，除了有上述关键数据关系转化的二维表外，还有大量与之相关的、进一步细化的二维表，进而构成信息管理系统的后台数据库基表。有关数据存储和管理的内容，读者可参考前面相关章节内容。

9.3.2　屠宰分割过程监控

考虑到生猪屠宰、分割环节存在高温、潮湿、油腻等复杂环境（屠宰汽烫毛、燎毛、开膛等环节）因素，由养殖场运输到屠宰场的生猪耳标要进行适当转化。同时，还要加强对工作车间的实时温度加以控制，从而实现科学化生产。

现代化屠宰生产

（1）RFID 标签转换。生猪养殖阶段，猪只通常佩戴的耳标是由塑料包裹的高频 RFID 芯片，当遇到高温时很有可能会导致耳标破坏和脱落。另外，高频 RFID 标签不适合在高温、潮湿环境中使用，此时就需要将高频 RFID 标签转换为低频 RFID 标签。

通常情况下，屠宰场会在生猪屠宰前将耳标 RFID 标签转化为屠宰 RFID 标签，屠宰 RFID 标签是内嵌到猪只对应的金属挂钩内的，进而实现生猪耳标和屠宰标签一一对应。生猪屠宰完成后，将金属挂钩内嵌的 RFID 标签再转化成外置到白条猪上的捆绑式标签，如图 9-8 所示，如用扎带捆绑在白条的后腿部位或附在包装箱里。生猪屠宰产生的需要记录的内脏等产品，统一用条形码或二维码进行标识。无需精确到生猪个体来源的产品，可以借助于生产批次进行标识，如生产批号。

图 9-8　捆绑式 RFID 标签

胴体分割是指按照一定的销售规格要求，将猪胴体按部位分割成带骨的或剔骨的、带肥膘的或不带肥膘的肉块，并将肉块按照大小、质量差异，经过修整、冷却、包装冻结等工序加工成成品猪肉如后腿肉、大排、里脊、肉方等的过程。将胴体进行合理的分割，有利于体现猪肉部位和品质差异，分割成品再进行销售，也能够更大幅度提高其经济和食用价值。

生猪屠宰后的白条胴体利用捆绑式 RFID 标签运输到分割车间，在进入流水线生产之前，操作员会将该标签摘除放置到流水线最前端指定位置，标签随巡检机器人一同与流水线同步行进。分割流水线上的各操作工位都安装有 RFID 称重器（将 RFID 阅读器集成到称重设备上），当胴体标签到达前，该称重器能够自动读取标签信息，得知操作台要进行操作的胴体标识，从而关联该工位的产出产品，进而实现产品与胴体的对应关系，直至读取到下一个胴体标签为止，依次循环进行。称重后的产品随即联网生成产品标签，并由信息管理系统远程控制工位打印机打印，该标签一般为条形码或二维码，用于后续商超销售。一个分割工位产出多个产品后，再进行装箱包装（该包装箱也可以植入 RFID 标签），该过程也是通过信息管理系统自动完成。即工位分割出的产品数量达到预设值时，系统自动生产一个带有生产批次信息的编码，并写入 RFID 标签随箱装入。总结整个胴体分割过程，首先各工位自动读取胴体 RFID 编码，其次产生产品条形码与胴体标识码相对应，最后生成包装箱 RFID 编码与装入的产品条形码一对多对应，从而实现分割产品与白条胴体、白条胴体与生猪 RFID 标识之间的关联。

（2）车间温度监控。温度控制在猪肉生产过程中至关重要，是保证猪肉生产安全的重要因素。生猪屠宰前后的淋浴、烫毛、褪毛、分割车间和运输过程都需要严格的温度控制。传统的温度测量方式存在着效率低、预警能力差等缺点，难以满足现代大规模屠宰分割企业的实际需求。

将温度传感器运用到生猪屠宰和分割生产，结合信息管理系统实现温度实时监测、预警，主动开关通风、制冷等装置即时进行温度智能调节，已成为现代企业普遍采用的手段。它不仅可以提高温度控制的准确度、便捷性，还能通过温度预警降低生产风险。

生猪作为恒温动物，对环境温度要求苛刻。高温对猪只生长影响较大，尤其是种猪育种。温度传感器在现代畜牧生产中的应用相当广泛。如猪舍通过温度传感器感知温度，结合信息管理系统控制空调或湿帘调整温度；在胴体分割车间和运输过程中运用温度传感器监测温度，在商超冷库保鲜存放以及销售环节都对温度控制有着严格要求。使用温度传感器能够准确监测温度，确保生猪生产、生长、屠宰、分割、运输、储存等整个生产环节的产品质量，进而提高生产效率、产品质量，增加食品安全生产的透明度。

根据猪胴体分割车间的面积大小，合理部署多个温度传感器，从而形成了一个网状分布的温度采样点网络，确保分割车间各个位置的温度监测到位。多个温度传感器都可以独立工作，在规定时间间隔内借助于 ZigBee 网络向路由器发送温度采集数据，再由路由器转发到信息管理系统服务器。信息管理系统根据事先设置的温度阈值进行比对，当车间温度超过阈值时发出预警提示，并即时向制冷设备发出开启指令，直至温度调整到指定范围。信息管理系统综合考虑车间实际温度准确度需求和网络传输负荷等多方面因素，设置温度传感器上报温度的时间间隔（如 5min），一般不建议采用实时上报方式。

（3）关键环节视频采集。为了加强对生产过程的监控，提高产品溯源质量，现代畜牧企业多会把危害分析与关键控制点（Hazard Analysis and Critical Control Point，HACCP）质量控制系统思想引入到企业生产，在充分分析生产流程的基础上，找出生产环节中的核心关键点。

在企业生产核心关键点上部署相应的物联网设备，借助设备和信息管理系统实现自动化监控和风险预警，如采用温度传感器预警猪舍温度等。同时，采用多功能集成设备自动控制生产过程关键环节的视频采集，如胴体分割车间的巡检机器人和流水线跟踪录像装置，从而实现对生产过程关键环节的实时监控和录像。

流水线跟踪录像装置集成了 RFID 阅读器和信息系统通信功能，在 RFID 标签经过流水线时，RFID 阅读器会读取 RFID 标签信息，然后通过网络访问信息管理系统，调取当前流水线上工位、操作员和车间温度等一系列数据，借助 RFID 标签和时间点唯一标识记录，并通过视频合成技术生成产品溯源视频，实现消费者对生产过程的可视化监督。

以胴体分割流水线跟踪录像为例。通过在分割车间和流水线上部署多个视频采集点记录胴体在流水线上的走向。当胴体进入分割车间时，由 RFID 阅读器感知胴体标签，并通过后台信息管理系统记录该胴体标签，同时在相应的视频录像时间点上标注起始点。随后胴体进入流水线，由分布在流水线上的多个采集点依次记录其走向。当胴体到达某个分割工位时，由安装在工位上的采集点进行录像。整个视频采集过程以胴体走向和分割生产为主，依据时间顺序收集多个视频采集点的视频片段，综合温度传感器获取的温度信息，进行视频合成、编码、压缩，最终生成产品溯源视频。产品溯源视频根据工位、胴体标识和时间点进行数据关联，可以实现与产出产品之间的对应关系，最终可以将产品编码对应于溯源视频。

（4）相关溯源数据。生猪屠宰过程中，因为要经过蒸汽烫毛、燎毛等高温操作，养殖环节使用的塑料外壳耳标存在易被损坏弊端，屠宰前要先将其进行处理使用。如采用 RFID 标签嵌入到金属挂钩里的方法，信息管理系统进行相应记录。屠宰分割过程主要涉及生猪个体（这里的生猪个体是屠宰前的生猪个体，基本上可以等同于养殖环节的生猪个体，二者是一对一的关系）、白条胴体、分割产品等数据关系。其中，生猪个体与白条胴体属于一对一关系，白条胴体和分割产品属于一对多的关系。同时，在整个生产过程中，涉及运输车辆、养殖场、操作员等相关对象，原则上通过与生猪个体、胴体和产品按照一定的对应关系实现联系。

1）生猪个体，包括生猪耳标 ID、品种、重量、来源、运输批号、采购人等。其中，生猪耳标 ID 作为该关系的主关键字，用于唯一标识该生猪个体，它与养殖场生猪个体耳标是一对一关系，即一个屠宰前生猪个体唯一对应一个养殖场生猪个体；运输批号作为运输车辆、司机、运输时间等的唯一标识，在该关系中作为外关键字实现数据联系。

2）白条胴体，包括胴体 ID、生猪 ID、屠宰标识、责任人等。其中，胴体 ID 作为该关系的主关键字，用于唯一标识该白条胴体，它与生猪个体是一对一关系；屠宰标识能够关联屠宰批次、屠宰场标号、屠宰时间等详细数据，进而实现屠宰过程数据联系。

3）分割产品，包括产品 ID、商品类别、重量、胴体 ID、分割标识等。其中，产品 ID 作为该关系的主关键字，用于唯一标识该商品信息，它与白条胴体存在多对一关系；商品类别除了编码信息外，往往会用一维条形码来展示，以便后续商超扫描使用；分割标识能够关联分割批次、时间、操作员等详细数据，进而实现分割过程数据联系。

产品生产过程中核心关键点的视频监控与产品 ID 相对应，即由产品 ID 找到视频监控录像，这里的视频监控录像是由多个点位监控片段组成，如生猪屠宰流水线、白条胴体分割流水线、商品包装流水线录像等。这些录像片段与相应的生猪个体、白条胴体、产品相对应，再由三者关联合并生成总的监控录像，实现产品生产过程溯源视频。

9.3.3 运输过程监控

肉、蛋、奶等畜产品对运输过程中的温度控制，以及时效性要求较高，普遍采用冷链物流运输，并在运输车辆上安装监控和通信设备（如 RFID 标签、GPS 全球定位装置和无线网络传输模块等），从而实现对车辆的运输轨迹分析。随着智能手机的普及和无线通信成本的下降，最简单、常见的运输监控做法就是在运输车上安排 GPS，或者直接使用驾驶员手机定位系统。同时，有部分企业为了获取更高精度的监控数据，对运输车辆进一步加装了载重感应、温湿度感应、光强感应、防盗锁等设备或功能模块，从而能够实现更为精确的监控数据，实现运输车辆的透明化管理。

生猪从养殖场出栏运输到屠宰场、屠宰场运输到分割车间、分割车间运输到保鲜库、保鲜库运输到商超，从商超到消费者餐桌，中间经历了多次物流运输。另外，随着电子商务网络销售的不断成熟以及快递成本下降、质量保障提升，网络销售也成为企业一种重要的销售渠道。盒马鲜生等生鲜产品送货到家平台，通过快速配送赢得了消费者青睐。

以常见的冷链物流运输为例，企业首先在运输车辆上安装 GPS 定位装置，借助于经度、维度和时间戳三个关键信息，获取车辆的瞬时速度和实时定位。物流管理系统将连续的时间戳和车辆定位点连接，形成车辆行驶轨迹，进而确保车辆的运输路线准确性。同时，借助于时间戳确定车辆行驶和停靠时间，加强运输过程监控。

除了 GPS 定位之外，企业往往还会在车厢（或车厢内各个货箱）内安装温度传感器，时刻监控温度变化，对温度异常进行预警。加上车辆 RFID 标签唯一标识车辆，从而得到车辆、路线、温度、驾驶员以及关键环节的视频监控录像之间的数据对应，最终形成运输过程的监控数据。

在运输过程中主要涉及运输车辆和运输过程对象。其中，运输车辆（车辆 ID，品牌，类型，价格，购置单位，购置日期，负责人，……）很好理解，就是运输车的管理；运输过程表示的是对一次运输过程的监控，主要包括车辆 ID、起运地、目的地、起运时间、结束时间、司乘人 ID 等。其中，车辆 ID 和起运时间联合作为该关系的主关键字，用于唯一标识此次运输过程，并由司乘人 ID 管理负责此次运输的司机或责任人。

9.3.4　商超销售信息溯源

商超作为产品销售的终端，直接接触消费者，也是产品溯源的起点。产品进入到商超一般要经过采购、入库、上货三个环节。采购上游对接屠宰分割企业，商超采购白条胴体或分割产品进入保鲜库，再由保鲜库到销售柜台，由销售员根据消费者要求进行二次分割销售。商超采购肉品又分保鲜肉和冷冻肉，二者在销售过程中可能会出现变化，如由保鲜肉变成冷冻肉、由冷冻肉再次解冻等。由于保鲜肉和冷冻肉的价格和品质差异较大，再加上库存盘点的要求，商超对这种类似操作要求较为严格，必须同时做好相关记录。

猪肉食品信息溯源

商超采购、入库过程与屠宰分割企业到猪场采购、入库类似，涉及的关键环节也大同小异，基本上都是记录采购单位、类别、数量、单价等数据。关键环节的数据采集、监控录像等也较为相似，这里不再赘述。

从仓库上架产品到分割销售环节，为了实现未来消费者能够对商品的溯源，需要完成由白条胴体（或分割产品）标签到消费者拿到的商品包装上一维条形码的转换。柜台销售产品的标签可能是 RFID 标签，也可能是条形码，但从商品溯源要求来考虑二者都必须进行转换。然后和消费者拿到的商品包装条形码相对应，一般而言前者和后者的对应关系是一对多的关系。实际销售过程中可能出现一个胴体分割剩余数量不足消费者要求，需要从另一个胴体上分割、混合之后销售的情况，相对于前者的一对多关系就变成了多对多的关系。当然这些都是由信息管理系统进行处理，而对于消费者来说拿到的还是一个条形码，甚至销售员也无需考虑这个关系的转换，因为更多时候商超上货是按照批次进行统计，而非单个白条胴体或者产品个体。消费者在商超购物，拿到商品包装上的标签之外，往往还有一个商超购物明细标签，二者之间的对应关系显而易见。

消费者可以通过商超购物明细，对应找到购买商品明细和日期以及该单交易的所有商品信息，如商品名称、单价、数量、金额等，这和商超收银员刷条形码结账相对应。再根据商品包装上的条形码，溯源到销售柜台、销售员、销售批次、对应产品或胴体，再进而溯源到入库和采购数据。通过产品和胴体标识可以溯源到屠宰分割企业，进而实现生产过程的数据溯源。然后再进一步溯源到养殖场，通过生猪耳标溯源到生猪生产过程，最终实现从消费者到生产源头的信息溯源。

以上以猪肉商品为例，介绍了畜产品数据溯源的过程，可能部分流程过于理想、超前，与现行流程或做法有出入，但由于本书是针对未来发展趋势，请读者朋友从着眼未来的角度审视本书内容。同时，通过上述畜产品溯源案例讲述，相信大家会发现商品溯源的技术实现并不困难。相信随着信息技术融入畜牧生产的不断深入，消费者对食品安全要求愈来愈高，以及物联网设备成本持续下降，还有其他诸如进出口标准等影响，产品信息溯源未来可期。

课后练习

一、选择题

1. 根据奥运食品安全的特点，航天金卡提出了奥运食品追溯系统解决方案，该系统是以（　　）为基本流动数据载体和信息单元的。

    A．条形码标签   B．二维码标签

    C．RFID 电子标签   D．一维码标签

2. 信息溯源需要整个生产环节的大数据支撑，以及数据的真实性、完整性和可靠度加持。其中，（　　）可以实现生产数据自动采集，（　　）可以保障传输数据的真实可靠。

    A．专家系统   B．区块链技术

    C．地理信息系统   D．物联网设备

3. 在猪舍安装（　　），能够实现生产环境的氨气浓度检测。

    A．光照传感器   B．温度传感器

    C．湿度传感器   D．气体浓度传感器

4．我国完全自主研制的（　　　　），成为是联合国卫星导航委员会认定的全球四大供应商之一。

　　A．GPS　　　　　B．GLONASS　　C．GALILEO　　　D．BDS

5．（　　　　）可用于现代畜牧生产的科学合理选址、疫情防控和污染治理等方面。

　　A．GIS　　　　　B．GPS　　　　C．RFID　　　　D．RS

6．截止到2021年，（　　　）是世界上最大的生猪繁育、猪肉生产和消费大国。

　　A．中国　　　　　B．美国　　　　C．俄罗斯　　　　D．澳大利亚

二、填空题

1．_____是借助于各种技术手段对商品进行追本溯源，探寻"商品—销售—流通—生产—原材料"的整个信息流。

2．数据采集是物联网感知层最关键的技术，常用的数据采集方式有条形码和_____。

3．_____年，李克强总理在《政府工作报告》中提出了"互联网+"的概念。

4．生猪养殖过程中，_____作为生猪唯一标识，是其整个生长周期中完成数据自动采集的重要装置。

5．_____能够完成专家指导，解决养殖户见专家难、费用高、时效性差等诸多问题。

6．在冷链物流运输车上安装_____装置，可以获取车辆的瞬时速度和实时定位。

三、思考题

1．在猪肉信息溯源案例中，如何实现从商超所出售的猪肉产品，溯源到生猪养殖过程的具体猪只？

2．在猪肉信息溯源案例中，如何将猪胴体分割车间的原材料出库视频、分割流水线生产视频和分割成品称重视频关联？

3．在猪肉信息溯源案例中，通过查看哪些数据，能够掌握运输车辆从屠宰分割车间到商超的运输过程？

4．在猪肉信息溯源案例中，你所知道的涉及猪只的动物福利管理有哪些？

参考文献

[1] 谢能付，曾庆田，马炳先，等．智能农业——智能时代的农业生产方式变革[M]．北京：中国铁道出版社，2020．

[2] 杨丹．智慧农业实践[M]．北京：人民邮电出版社，2019．

[3] 李道亮．农业4.0——即将来临的智能农业时代[M]．北京：机械工业出版社，2018．

[4] 王嘉，邵冬梅．基于物联网与RFID技术的供应链应用[J]．中国自动识别技术，2020（02）．

[5] 余来文，林晓伟，封智勇，等．互联网思维2.0：物联网、云计算、大数据[M]．北京：经济管理出版社，2016．

[6] 何勇，聂鹏程，刘飞．农业物联网技术及其应用[M]．北京：科学出版社，2016．

[7] 黄玉兰．物联网射频识别（RFID）核心技术教程[M]．北京：人民邮电出版社，2016．

[8] 张志明，武茜，许朝侠．基于植入式RFID的犬只管理系统研究与实现[J]．甘肃科技纵横．2019，48（01）．

[9] 张志明，王辉，边传周，等．基于物联网技术的猪胴体分割生产研究[J]．现代牧业．2021，5（03）．

[10] 邓其盛．农业物联网技术在生猪养殖上的推广应用研究[J]．农业灾害研究，2020，10（06）．

[11] 李德仁，关泽群．空间信息系统的集成与实现[M]．武汉：武汉测绘科技大学出版社，2000．

[12] 范文义，罗传文．"3S"理论与技术[M]．哈尔滨：东北林业大学出版社，2003．

[13] 李建松，唐雪华．地理信息系统原理[M]．2版．武汉：武汉大学出版社，2015．

[14] 吴风华，杨久东．地理信息系统基础[M]．武汉：武汉大学出版社，2014．

[15] 邓明镜，刘国栋，徐金鸿，等．全球定位系统（GPS）测量原理及应用[M]．成都：西南交通大学出版社，2014．

[16] 周军其，叶勤，邵永社，等．遥感原理与应用[M]．武汉：武汉大学出版社，2014．

[17] 马莉婷．电子商务概论[M]．2版．北京：北京理工大学出版社，2019．

[18] 彭媛．电子商务概论[M]．3版．北京：北京理工大学出版社，2018．

[19] 王珊，萨师煊．数据库系统概论[M]．5版．北京：高等教育出版社，2014．

[20] 薛华成．管理信息系统[M]．6版．北京：清华大学出版社，2011．

[21] 黄孝章，刘鹏，苏利祥．信息系统分析与设计[M]．2版．北京：清华大学出版社，2016．

[22] 陈炎龙，蒋爱德．孵化场生产管理系统的构建与集成[J]．湖北农业科学．2016，55（22）．

[23] 王要武．管理信息系统[M]．2版．北京：电子工业出版社，2008．

[24] 陈炎龙，蒋爱德．规模化种鸡场智能生产管理系统的构建[J]．湖北农业科学．2016，55（16）．

[25] 武书彦，朱坤华，王辉，等．人工智能系统设计在园艺栽培生产中的运用[J]．农机化研究．2018，40（02）．

[26] 刘小红，张海峰，陈瑶生. 2018 年生猪产业发展状况、未来发展趋势与建议[J]. 中国畜牧杂志. 2019（03）.

[27] 杨菲菲，王巍. 现代养猪关键技术精解[M]. 北京：化学工业出版社，2019.

[28] 张志明，乔红波，王瑜. 基于 RFID 的胴体分割信息系统研究与实现[J]. 黑龙江畜牧兽医. 2018（23）.

[29] 邓蓉，郑文堂，张德宝，等. 安全猪肉生产：屠宰与可追溯管理[M]. 北京：中国农业出版社，2016.

[30] 张志明，李建荣，王辉. 基于 RFID 的猪肉生产全程可追溯平台研究与实现[J]. 现代牧业. 2019，3（02）.

[31] 乔娟，刘增金. 基于质量安全的中国猪肉可追溯体系运行机制研究[M]. 北京：中国农业出版社，2017.